Le sel pousse-t-il au soleil ?

120 clés pour comprendre le sel

Table des matières

Introduction

Pourquoi écrire un livre sur le sel ? Y a-t-il vraiment autant à dire sur le sel ? Pourquoi suis-je personnellement impliqué dans ce sujet ? De bonnes questions, certes.

Votre lecture apportera, à coup sûr, réponse aux deux premières questions. Mais le sujet tire son importance, en dernier ressort, d'un puissant et incontournable besoin physiologique : nous ne pouvons pas nous passer de sel ; nous devons en avaler dans nos repas trois à cinq grammes par jour, ce qui n'est pas rien (2 kg/an).

J'en viens à la troisième question : ma sensibilisation personnelle au sel et aux questions qu'il suscite (historiques, anthropologiques, archéologiques, physico-chimiques...) remonte à mon enfance.

Premier épisode : j'ai huit ans. J'attrape la scarlatine. En conséquence, je suis consigné à garder la chambre 40 jours, sans aller au lycée — pour moi, une tragédie —, car cette maladie est hautement contagieuse. Les antibiotiques ne sont pas encore monnaie courante. Convalescent, je m'aperçois qu'il m'est devenu impossible de manger d'autres aliments que fades. Je suis devenu intolérant au sel. Il me faut de longs mois pour m'y réaccoutumer. Leçon : le corps est très finement accordé ; ses niveaux de besoin peuvent varier de façon brutale.

Second épisode : à la même époque, j'assiste au dessalement de la morue — ce que je raconte et que j'explique à la question 66.

Troisième épisode : âgé à présent d'une dizaine d'années, j'accompagne mon père en Bretagne durant les grandes vacances. Je découvre l'océan (Dinard, Saint-Malo). Mon père me fait goûter mes premières huîtres. Il me prévient : elles ont un goût salé, mais c'est une nourriture à laquelle la bouche se fait, et que je trouverai sans doute délectable plus tard. Sa prédiction se révélera d'une grande justesse.

Quatrième épisode : je suis à présent étudiant à Paris, et j'habite une chambre de bonne. Pour le petit déjeuner, je descends au bistrot du coin, et je le prends au comptoir, au coude à coude avec les autres habitués. Sur le zinc, un panier métallique avec des œufs durs. Il m'arrive d'en prendre un avec mon café-crème. Lorsque je lui donne ma commande, soudain j'accède à l'existence pour le serveur : il se retourne, empoigne une salière sur l'étagère derrière lui et me l'offre, avec une sorte de déférence majestueuse qui — des années plus tard — me donna à réfléchir sur le statut social du sel et de la salière, qui fut un objet précieux des siècles durant.

Ces anecdotes eurent pour leçons quelques-uns des thèmes du livre que vous vous apprêtez à consulter : rapport direct et étroit du sel à la santé ; conservation des protéines par salaison ; saveur salée et délices de bouche ; rapport du sel au luxe et, enfin, son rôle social de convivialité.

En 1998, j'ai publié un essai intitulé *Chemins et savoirs du sel* (éd. Hachette Littératures). Avec ce nouvel ouvrage, au style très différent car présenté sous forme de questions-réponses, je souhaite mettre à jour mon précédent livre et faire état de l'avancement des connaissances sur ce sujet.

Il me reste à vous souhaiter bonne lecture !

Le sel familier

1 Qu'appelle-t-on « gros sel » ?

L'adjectif « gros » a comme synonyme « grossier ». Le gros sel est tout simplement récolté par le paludier, et ensaché pour la vente tel quel. Il est produit dans un marais salant. Typiquement, le paludier le retire du bassin de cristallisation en fin de journée ensoleillée, après qu'il s'est accumulé dans cette cuve, ou « œillet ». Chaque œillet livre quotidiennement environ 60 kg de gros sel, ensuite brouetté sur le gros tas conique en bordure du marais salant, dénommé « mulon ».
Comme le gros sel n'a pas été raffiné pour en faire du sel de table, il est contaminé par des impuretés. Ce sont, pour donner l'exemple du sel gris de Guérande, l'argile du fond de l'œillet et de nombreux oligoéléments. Cela en fait, d'un point de vue hygiéniste, la forme de loin la plus désirable pour la santé.
Le gros sel est un peu un lieu commun des écrivains friands d'une atmosphère de terroir. Ainsi, Giono écrit dans *Le Grand troupeau* : « Sur la table nue de la cuisine, Julia a préparé le tas

Récolte de la fleur de sel dans un marais salant, celui célèbre de Guérande

de gros sel : ce tas tout blanc, tout sec, tout vivant de sa sécheresse et de son esprit. On en lavera l'enfant nouveau, tout à l'heure. »

Un mot au passage à propos du sel kosher, ou cachère : c'est tout bonnement du gros sel marin qu'un rabbin a béni.

2 Les diverses variétés de sel des épiceries fines ne sont-elles pas toutes le même chlorure de sodium NaCl ?

Certes. Ne nous empressons pas de conclure, cependant, à du snobisme seulement de la part de leurs acheteurs.

Une comparaison est éloquente. Des solutions aqueuses d'éthanol, connues sous le nom de vins, ont elles aussi des saveurs, des arômes et des prix très différents, en dépit de compositions chimiques très voisines.

On doit admirer la sensibilité des récepteurs, ceux de la bouche et du nez, qui permettent de les différencier. Il en va de même pour les sels, dont la saveur n'est pas imputable au seul chlorure de sodium, mais aussi à tous les oligoéléments dont il se flanque.

Mentionnons quelques sels d'épicerie fine. La fleur de sel de Madagascar vient d'Ifaty. Le sel italien, autre sel de mer, est d'origine sicilienne. Le sel australien de Murray River est de couleur abricot. Le sel de mer de Maldon (Essex) est un sel de mer

ignigène, récolté et bouilli depuis un millénaire au moins. Il en va de même du sel de Cornouailles, qui remonte à l'âge du fer.
Le sel d'Halen Mon est récolté près de l'île d'Anglesey. Il est fumé : les flocons sont placés par-dessus un brasier de brisures de chêne. Préparation similaire pour le sel norvégien dénommé « sel Viking ».
Le sel noir indien, *kala namak*, dérive d'une halite (minéral à base de chlorure de sodium) volcanique, ce qui le rend riche en sulfures (mal)odorants, et le colore en des nuances violacées. Il est prisé des gourmets indiens : comme de nombreuses autres saveurs, c'est un goût lié à une culture, d'acquisition non immédiate.
Le vocable « diamant de sel » désigne systématiquement un sel gemme. Ainsi, le sel rose du Cachemire (Pakistan) provient de veines en profondeur (400-700 m). Sa couleur atteste sa richesse en fer.
Le sel nippon *gosmasio* est un sel de mer mélangé à des graînes de sésame, dont l'huile humecte les grains de sel. Autre sel japonais, le sel *yuzu* est parfumé au zeste de cet agrume.
Bien d'autres associations, bien d'autres sels parfumés vous sont proposés. Par exemple, le sel aux piments d'Espelette est de la fleur de sel de Noirmoutier, relevée de piment d'Espelette (Pays basque).

3 Le sel nuit-il à la santé ?

Les faits de langue en sont un premier indice : en latin, les termes *salus* (santé) et *salubris* (en bonne santé) dérivent l'un et l'autre du nom du sel, *sal*. En latin, *saluto*, *salutare* signifie « conserver, garder sain et sauf ». Les langues romanes abondent en vocables dérivés, comme *salud* en espagnol ou, en français, « salut » ou « salubre ».
Le salut vient de la racine proto-européenne « sol » ou « -sol-wo » (qui donnera le sel) et d'une autre racine « kailo » qui donnera « hal » puis les anglais « wool » et *whole*, l'entier. Le salut, au sens spirituel, était déjà présent dans la religion romaine, avant même l'avènement de la religion chrétienne, qui récupéra autant la notion que le terme.
Les Romains appréciaient déjà *Sale Salus* et son eau minérale très salée. Elle continue d'être une station thermale réputée, Salies du Salat, située au pied des Pyrénées, à 70 km de Toulouse. Son taux de salinité, 320 g au litre, en fait l'eau la plus minéralisée d'Europe.

Mais, s'il faut du sel pour se maintenir en bonne santé, point trop n'en faut. Certaines personnes sont d'ailleurs astreintes à un régime sans sel, de par une indication médicale sérieuse et précise.
Mais il n'est absolument pas recommandé de s'en abstenir. Se donner un régime sans sel, comme ça, parce qu'on croit améliorer ainsi sa santé, n'est que de vaine crédulité. Il ne faut pas croire tout ce que racontent les magazines, ou ses ami(e)s sur la plage. C'est un rien dangereux !
Si vous avez le moindre doute, l'inquiétude la plus volage ou intermittente, consultez vite votre médecin !

4 D'où vient le verbe « saupoudrer » ?

L'étymologie est limpide : *sal*, le sel en latin, donne le préfixe *sau-* (tout comme *val-* se muant en *vau-* dans le verbe « valoir » à l'infinitif ou au présent de l'indicatif ; ou encore dans le doublon b*elle*-fille/b*eau*-fils), et se complète du suffixe *-poudrer*. La signification est claire : « éparpiller du sel fin ». Elle s'est généralisée au cours des siècles. Ainsi, une cuillère saupoudreuse permet de sucrer des fraises, par exemple, efficacement et à son goût.
Un instant de réflexion livre un complément d'analyse et donc de compréhension : si l'on épand du sel seulement sous la forme d'une poudre fine, c'est qu'il s'agissait, lors de la création du vocable en français (au XIVe siècle, attesté chez Eustache Deschamps), d'une denrée de valeur, à grapiller et non à gaspiller.
C'était déjà le cas chez les peuples du Livre. Les utilisations rituelles du sel dans la Bible, à des fins de purification, font intervenir de petites quantités. Ce que l'on retrouve aussi — conjecture de ma part — au niveau de l'utilisation de l'eau bénite dans la chrétienté, dont l'aspersion répond au saupoudrage du sel.
Et maintenant ? Une critique fréquente, à l'encontre de l'Administration et du pouvoir politique, est le fait des scientifiques. Au lieu de dynamiser les seuls points forts et de venir conforter une excellence préexistante, les crédits de recherche sont *saupoudrés* sur la grande masse des laboratoires. On évite de faire des mécontents mais on stérilise l'avenir du pays. C'est ce qu'on dénomme, peut-être de manière un rien abusive, une « politique scientifique »...

5 Pourquoi mettait-on des grains de riz dans la salière ?

Le sel, friand d'eau qu'il est, capture l'humidité. Alors, pour éviter que le sel ne colle et fasse des grumeaux, l'empêchant de couler et donc de passer par les trous du capuchon, on plaçait dans la salière quelques grains de riz, au moment de la remplir de sel. Ils avaient pour fonction d'absorber l'humidité ambiante, un rôle sacrificiel pour que le sel reste sec. J'ai connu cela dans mon enfance.
Mais cette précaution n'est plus nécessaire. D'une part, le chlorure de sodium produit aujourd'hui est d'une bien plus grande pureté que naguère, lorsque des composés extrinsèques comme le chlorure de calcium agissaient comme des fourriers de l'humidification. D'autre part, on nous vend à présent du sel de table avec toutes sortes d'additifs visant, en particulier, à empêcher une quelconque hydratation : comme mainte autre denrée alimentaire, le sel est trafiqué avec pour excuse le confort des consommateurs — une motivation qui masque une passivité de bétail à l'engraissement.
Mais revenons à l'ajout des grains de riz. On vient de voir son bien-fondé, tactique. Mais l'aspect rationnel des choses et des actes de la vie quotidienne n'est pas tout, loin de là.
Un petit rituel comme celui-ci a aussi son explication symbolique, tout aussi importante. De même que les monothéismes du Livre associent le pain, le vin et le sel, riz et sel sont appariés dans les cultures d'Asie. Quand donc s'est faite leur importation en Occident, avec une valeur à la fois pragmatique et religieuse ? Mon intuition me dit qu'elle doit remonter à la fin du Moyen Âge et à la Renaissance, lorsque Néerlandais et Portugais, ainsi que Vénitiens, prirent le relais des Arabes dans le commerce avec l'Asie.

6 Pourquoi offrir des amuse-gueule salés ?

Réfléchir à nos habitudes permet de mieux comprendre d'où nous venons, les évolutions ayant conduit à notre langage, à notre culture, tout autant qu'à nos comportements. L'un de nos rituels, quotidien pour certains, pour d'autres seulement lors de l'accueil d'invités, est la dégustation de petites bouchées dont le point commun est d'être salées : anchois, olives, noisettes, cacahuètes, pistaches, bretzels, chips, cochonailles,

L'embarras du choix parmi des amuse-gueule salés

petits fromages, fruits de mer… Ces offrandes, aux amis et aux Dieux, se font à l'heure de l'apéritif. D'où tenons-nous cette forme de convivialité, solidement ancrée dans nos mœurs ?

J'y donnerai une triple explication, historique, physiologique et anthropologique. La première est que les religions du Livre (Bible, Torah, Coran) sont d'origine moyen-orientale, issues qu'elles sont de pays secs voire désertiques (Palestine ou Arabie). Manger salé est une indispensable précaution vis-à-vis de la déshydratation. Or, la religion joua un rôle éminent pour fonder notre culture : « Tu n'omettras jamais le sel de l'alliance de ton Dieu sur ton offrande », « Avec chacun de tes présents, tu présenteras du sel. » (*Lévitique*, II. 13).

La seconde, pour laquelle je formulerai une double conjecture, est que l'ingestion d'un peu de sel, d'une part induit une salivation et, partant, la production d'enzymes associée (de lysozyme, en particulier) dont le rôle est de détruire d'éventuels germes pathogènes ; d'autre part, stimule un début de sécrétion gastrique d'acide chlorhydrique HCl, lui aussi aseptisant, à la fonction auxiliaire de « donner faim ».

La troisième est le partage du pain et du sel. Les lois de l'hospitalité nous dictent que rien n'est trop bon à l'égard d'un hôte. Nous partageons avec lui ce que nous avons de meilleur, y compris ce produit, le sel, qui resta si longtemps un luxe difficilement abordable.

7 Quelle est l'origine du mot « salaire » ?

C'était *salarium* en latin. Les légionnaires romains recevaient, outre leur solde, un subside ainsi nommé car affecté à leur fourniture en sel. Ce détail est révélateur, non seulement, du talent organisationnel et administratif des Romains, mais aussi du soin qu'ils prenaient de leurs soldats. Les légions étaient le fer de lance de l'impérialisme romain ; elles étaient aussi la défense de Rome face à des envahisseurs potentiels. Les dirigeants politiques de Rome, consuls ou plus tard empereurs, veillaient au bien-être des légionnaires, afin de parer à la menace d'un coup d'État.
À bien des égards, les Romains furent les élèves des Grecs. N'ayons cure de négliger leur apport propre : il fut immense et ne se limite pas aux secteurs juridique et législatif. Le mot « salaire » en témoigne.
Le salaire est ce qui permet à un travailleur, et à sa famille, de vivre. Qu'il tire son nom d'une allocation pourvoyant à un besoin physiologique, vital et quotidien, n'est pas un détail historique dénué de sens qui nous aurait été légué, en quelque sorte, accidentellement. Cette survivance est au contraire d'une grande logique. Dès l'origine, le salaire fut un paiement à intervalles réguliers.

8 La pâte à sel est-elle un jeu d'enfant ?

Mais oui ! Cette petite invention géniale, quoiqu'ancienne et anonyme, fait la joie des petits. Le temps est pluvieux, vous ne savez comment les occuper, faites-y jouer vos enfants. Mais ils la connaissent déjà, par l'école maternelle !
La recette est on ne peut plus simple. Deux verres de farine, un verre de sel et un verre d'eau : mettre farine et sel dans un bol, ajouter l'eau en touillant, puis malaxer la pâte une dizaine de minutes jusqu'à ce qu'elle soit onctueuse. Laisser reposer 20 minutes avant tout modelage. La pâte à sel, une fois sculptée (petits personnages, animaux, santons, et j'en passe) se laisse peindre aux acryliques, et vernir, après séchage : deux jours à température ambiante ou trois heures dans un four à peine chaud (50-100 °C).
D'où la pâte à sel tire-t-elle sa plasticité qui en fait une pâte à modeler ? De ce que le sel sert de liant aux grains d'amidon de la farine. À l'échelle microscopique, cela fait comme un collier de toutes petites perles qui roulent aisément les unes contre

Modelage en pâte à sel, peint après séchage

les autres, sous l'application d'une pression quelconque. À une échelle encore inférieure, les ions Na^+ et Cl^- constitutifs du chlorure de sodium viennent embrasser des atomes d'oxygène des molécules de sucres (glucose) constitutives de ce biopolymère, l'amidon. Biopolymères, au pluriel, en fait : l'amidon est composé de deux polymères, l'amylose et l'amylopectine. L'amylose est un enroulement en hélice, avec huit glucoses à chaque tour de spire ; dans l'amylopectine, les molécules du monomère glucose sont reliées les unes aux autres de façon linéaire. L'ajout de sel vient ajouter des forces secondaires, faibles, à ces deux types d'édifices moléculaires.

La spécialiste française de la pâte à sel est Madame Catherine Baillaud : elle a publié une douzaine de délicieux livres illustrés sur ce sujet, qu'elle a présentés aussi en de nombreux stages pour les enfants.

9 Qu'est-ce que le sel d'Epsom ?

Il s'agit du sulfate de magnésium. Il tire son nom d'une bourgade du Surrey, en Angleterre. Il fut isolé par évaporation à partir d'une source thermale dont la richesse en sulfate de magnésium provient du lessivage de la dolomie, une roche riche en magnésium.

Un fermier le découvrit de façon fortuite en 1618 : en dépit de la sécheresse, ses vaches refusaient de s'abreuver à cette source. Comme quoi l'avancement des connaissances se fonde, en premier lieu, sur l'observation. Celle-ci est fréquemment lucide et perspicace : les navigateurs, par exemple, sont habiles à interpréter même de menus indices, qui les aident à ne pas toucher de hauts fonds ou des récifs, ou encore à longer une côte. C'est aussi le cas, comme ici, d'agriculteurs et d'éleveurs dont la prospérité tient à leurs qualités d'analyse, de jugement et de prospective.

Lors de la grande vogue du thermalisme, aux XVIIIe et XIXe siècles, ce sel faisait partie de la pharmacopée. Il a tout du

remède de cheval, puissant purgatif et laxatif. Les médecins le prescrivaient pour des troubles digestifs.
Cette utilisation interne se doubla d'applications externes, comme sel de bain, réputé tonifiant. Le sulfate de magnésium continue d'être incorporé à des sels et huiles de bain.
Autre laxatif, le sel de Carlsbad, en Bohême. En fait, c'est une combinaison de quatre sels différents, dont le sulfate de sodium forme la partie active. Johann Rudolf Glauber (1604-1670) le dénomma *sal mirabilis* (sel admirable). Un médecin de Carlsbad — dont le nom actuel est Karlovy-Vary —, David Becher (1725-1792), sollicita en 1763 l'autorisation de l'empereur Habsbourg de produire ce sel à des fins purgatives. Mais les habitants de la ville s'y opposèrent, craignant que cela ne dissuade les thermalistes d'y faire des séjours. La controverse, qui fut d'une grande vivacité, ne s'éteignit qu'en 1784, sous les règnes de Marie-Thérèse et de son fils Joseph II, installés à Vienne.

10 Quels sont les pays gros producteurs de sel ?

Les deux plus gros producteurs de sel sont les États-Unis et la Chine, à l'échelle respective d'environ 50 et 70 mégatonnes par an. Les besoins alimentaires ne rendent compte que d'une petite fraction (6 %) de ces chiffres.
Le sel sert, en premier lieu, au déneigement des routes durant l'hiver (66 %). Il sert aussi de matière première à l'industrie chimique (8 %) : l'électrolyse — passage d'un courant électrique intense — d'une saumure produit du chlore et de la soude.
Ces deux commodités ont de multiples utilisations. Ainsi, à partir de l'addition du chlore à l'éthylène — un produit majeur de la pétrochimie —, on fabrique du chlorure de vinyle, polymérisé en PVC, un matériau de construction très utilisé.
Le chlore, directement ou par ses dérivés, sert à purifier et à désinfecter l'eau (13 % de toutes les applications du sel). Nous

L'énergie solaire sert à produire du sel en bord de mer. Depuis des siècles, ces entassements de sel se dénomment « camelles », pour leur ressemblance avec la bosse d'un chameau.

sommes redevables à la chloration de l'eau potable de la disparition des grandes épidémies d'antan, choléra et typhoïde.
Le sel est aussi utilisé, de façon indirecte, pour répondre aux besoins de l'agriculture (7 %).
Que les États-Unis et la Chine soient les deux plus gros producteurs reflète la place de leurs économies au premier rang mondial. Dit autrement, le sel reste encore aujourd'hui l'un des baromètres de la production industrielle d'un pays.

Le sel en cuisine

11 La saveur salée dénote-t-elle le sodium ou le chlore ?

Pour reconnaître le premier de ces éléments, on met le bout de la langue au contact, par exemple, de bicarbonate, le composé dont l'appellation scientifique est carbonate acide de sodium. Les récepteurs gustatifs à sodium ont été identifiés relativement récemment. Il en existe de deux types, l'un et l'autre situés sur la langue. Le premier type est fait de détecteurs de concentrations, même très faibles, de chlorure de sodium. Ces récepteurs cellulaires ne sont sensibles qu'à la saveur salée. Ils ne sont pas activés par aucune des quatre autres saveurs (sucrée, acide, amère et umami). Ils induisent les animaux à rechercher les aliments correspondants.

La seconde population de récepteurs de la saveur salée est faite de cellules que seules des concentrations élevées en sels

— et pas seulement en chlorure de sodium — activent. Ils induisent au contraire une aversion vis-à-vis d'aliments abondant en sels.
Ainsi, nous goûtons le sel de deux manières, non seulement différentes mais opposées. Et nous le goûtons *via* des récepteurs, sensibles aux ions sodium plutôt qu'aux ions chlorures.
Notre besoin de sel est excessif — collectivement parlant. Une véritable addiction au sel sévit ces temps-ci. Il pourrait bien s'agir là d'une insuffisance des mécanismes de régulation de l'apport sodique. Ceux-ci, visant tant la rétention du sodium que son homéostase, étaient adaptés à l'environnement climatique chaud et sec, qui était celui des premiers hominidés : dans des savanes africaines, typiquement. À présent, les mécanismes physiologiques de rétention du sodium se retournent contre nous et fonctionnent, trop souvent, à notre détriment.

12 Tous les aliments sont-ils salés ?

Certains oui, et d'autres non. Parmi les aliments naturels, non transformés, la viande est salée. Les animaux carnivores, en effet, trouvent leur sel en mangeant des herbivores. On doit parfois fournir des blocs de sel à lécher à ces derniers dans les prairies d'alpages (voir la question 98). L'agneau de pré-salé (voir la question 25) a des gigots plus salés que l'agneau de Sisteron. Une portion de rosbif (55 g) équivaut à ingurgiter près de 800 mg de sodium. Même du roulé de dinde ou de poulet, qui sont des viandes apparemment fades, fournissent environ un demi-gramme de sodium par portion de 55 g.
Laitages et fromages fournissent environ moitié moins de sel que les viandes (pour des portions aussi de 55 g, et toujours en mg de sodium) :
- le reblochon 460,
- le saint-nectaire 324,
- le pont-l'évêque 370,

Les haricots verts comptent parmi les légumes les moins salés. Vous pouvez en manger à volonté !

– le fromage blanc à 20 % de matières grasses 18,
– mais le roquefort 880 (on s'en serait douté).

Le lait et le yaourt sont au nombre des aliments, d'origine animale, les moins salés.

Les légumes ont également de faibles teneurs en sel : rapportées au seul élément sodium, en mg pour 100 g, cela va de 35 pour la carotte à 170 pour les bettes. Une demi-tasse de haricots blancs fournit seulement 7 mg de sodium, une tasse de haricots verts 5 mg.

Ma réponse à cette question n'est qu'une *n*-ième redite. Les consommateurs sont assiégés de telles informations. La plupart du temps, elles leur sont inutiles, et ils préfèrent ne pas en tenir compte et continuer à se gaver de frites salées, le pire des aliments, nutritionnellement parlant.

13 Pourquoi saler une eau de cuisson ?

J'y vois deux raisons principales, dans des registres bien différents. La première est scientifique. Les cellules des organismes, végétaux ou animaux, contiennent un cytoplasme, fait d'eau salée dans laquelle baignent des inclusions. Lorsqu'on fait bouillir ces aliments, par mégarde, dans de l'eau non salée, cela induit une brutale déperdition du sel interne aux cellules. Il se rue vers l'extérieur au travers de la paroi cellulaire, en une (vaine) tentative d'égalisation de ses concentrations, à l'intérieur des cellules et dans l'eau de la casserole. Le résultat est parfois désolant, tant par la fadeur du goût que par l'aspect déchiqueté, du fait de la destruction causée par cet exode massif de sel.

La seconde raison est sociale. Apprendre à faire un peu de cuisine est, pour les adolescents et les jeunes adultes des deux sexes, un rituel d'initiation : apprendre à faire cuire des pâtes sans aboutir à un insipide et infâme magma gluant ; pocher un poisson dans un court-bouillon, ce qui nécessite une gestuelle un peu plus élaborée ; ou encore, ce qui est peut-être le comble de l'art culinaire, préparer des légumes, haricots verts, asperges, carottes au juste point de transition du croquant et du moelleux, *al dente* comme disent si bien les Italiens.

Pour revenir à la cuisson des pâtes, on compte souvent 10 g de sel pour 100 g de pâtes et un litre d'eau. On recommande encore d'introduire le sel seulement au moment de l'ébullition. Introduit plus tôt, cela retardera l'instant de l'ébullition, du fait d'une loi physico-chimique relative aux changements d'états. Cela augmentera aussi, d'un chouïa, la température de l'eau à l'ébullition, ce qui n'est pas précisément favorable à une cuisson *al dente*. Mis dans de l'eau froide, le sel se dissout mal et risque d'attaquer le métal, laissant des piqûres au fond de la casserole. Introduit trop tard, le sel ne pénétrera pas jusqu'au cœur des pâtes, dont la saveur restera fade. Et, si vous outrepassez la quantité canonique de sel, une pomme de terre pourra vous servir à éponger l'excédent.

14 Mangeons-nous trop salé ?

Beaucoup trop ! La quantité totale quotidienne de sel nécessaire à un adulte est de 3 à 5 g. Les Américains — et nous ne sommes pas loin derrière eux — en ingèrent en moyenne 8 g par jour.

Cette surcharge de l'organisme en sodium n'est pas sans conséquence sur notre santé : c'est un facteur significatif de nombreuses maladies cardiovasculaires.

D'où nous vient ce gros excédent de sel ? En premier lieu, de la mauvaise habitude de nous goinfrer de *snacks* — que je n'ai aucun scrupule à traduire par « petites saletés » — à toute heure du jour : piochés dans des distributeurs automatiques, au travail ; avalés machinalement, devant la télé ou l'écran d'ordinateur, à la maison. Les multinationales de l'alimentaire forcent, tant sur les doses de sel que de sucre (induisant diabète et obésité), pour de mauvaises raisons qui vont de la durabilité en rayon à la recherche de l'hédonisme du client.

Nous subissons de la sorte une retombée de la société de consommation et de sa modalité la plus développée, l'américanisation des habitants de la planète, dans ce qu'il est convenu d'appeler leur style de vie qui se résume en perte d'individualité, conformité aux normes des commerciaux, et absence de raffinement.

Un détail, pour finir. Je connais des restaurants trois étoiles où, si l'on veut une salière sur la table, il faut la demander : il est entendu implicitement, en effet, que le chef a assaisonné les plats au mieux. Ajouter du sel serait une marque de défiance à son encontre. Or, symptôme additionnel de notre américanisation subreptice, nombreux sont à présent les clients de

restaurant qui, sans même goûter ce qu'on leur sert, y vont généreusement de la salière et du poivrier.
Modérons nos appétits, tout au moins les plus nocifs.

15 En quoi consiste le sel de table ?

On aurait tort de croire le sel fin de nos salières d'une plus grande pureté que, dirons-nous, du gros sel. C'est à peu près l'exact opposé.
Les commerciaux, les publicitaires, les gérants des centrales d'achats, bref les décideurs en dernier recours de la société de consommation interprètent ce qu'ils croient être nos désirs — recensés par des sondages — afin de les satisfaire au mieux. Comme le sel est naturellement hygroscopique, il s'écoule mal au travers des orifices des salières : tel est le problème auquel les pourvoyeurs des grandes surfaces croient avoir à faire face et qu'ils tentent de résoudre, comme pour des myriades d'autres produits commerciaux, *via* la mise au point de formulations idoines.
On y pourvoit donc par des adjuvants de toutes sortes. Ces additifs sont ajoutés lors du séchage du sel : généralement, on ajoute des agents anti-agglomérants. Ils absorbent l'humidité, évitant le colmatage des cristaux de sel. Ce sont des phosphates et des carbonates de calcium et de magnésium, de l'oxyde de magnésium, de la silice, de l'aluminosilicate de sodium et le silicate tricalcique d'alumino-calcium. Ce sont aussi des sels acides d'acides gras. N'omettons pas l'iodure de potassium, ajouté pour conférer au sel une teneur iodée convenable. Ces agents anti-agglomérants sont-ils tous inoffensifs ? Des doutes ont été exprimés sur ceux qui sont à base d'aluminium. L'Union européenne et les États-Unis autorisent leur utilisation en quantités limitées. Le sel de raffinage est alors prêt pour l'emballage et la distribution.

16 Qu'est-ce que la fleur de sel ?

L'emploi métaphorique du mot « fleur » a la signification, laudative, d'une acmé, d'un épanouissement et de l'accomplissement d'un processus, vers ce qu'il détient de meilleur ; bref, une perfection. On parle ainsi, pour citer un bel exemple, de « fleur de l'âge ».
Il en va de même du sel de mer, celui qu'on récolte dans les marais salants. Les paludiers dénomment « fleur de sel » le meilleur de

leur récolte — sa partie la plus rémunératrice tout au moins, dans la mesure où ils pourront la vendre au prix le plus élevé.

Mais qu'est-ce donc, en fait ? Dans les œillets du marais salant voués à la collecte du seul chlorure de sodium, celui-ci commence parfois à cristalliser à partir de la surface de l'eau : des petits cristaux aériens, venus des embruns, du sel déjà mis en tas au bord des œillets, sont venus ensemencer la liqueur-mère (comme on dit) et servent de germes de cristallisation. C'est du sel d'une grande pureté qui se forme alors : la fleur de sel, c'est cela.

On la recueille en toute petite quantité par rapport au reste de la récolte. Sa production minuscule en fait la valeur commerciale. Elle est considérée comme un produit de luxe, du fait de sa relative rareté.

Ce qui est le plus cher est le meilleur, le plus désirable aussi : est-ce toujours vrai ? En l'occurrence, je ne crois pas. Je préfère suivre le philosophe Vladimir Jankélévich dans son *Éloge de l'impur*. Le sel meilleur au goût, le plus bénéfique à la santé, est à mon sens le sel gris, celui qui s'est contaminé, et donc enrichi, des oligoéléments lui venant de la vase au fond du bassin de cristallisation. Choisir plutôt la fleur de sel relève d'un snobisme. Libre à vous !

La fleur de sel est constituée de cristaux de sel qui se forment à la surface des marais salants : ces cristaux sont plus fins que ceux du « gros sel » et peuvent avoir une couleur rosée qui disparaît au séchage.

17 La croque-au-sel définirait-elle l'humain ?

Le geste en apparence le plus banal peut être riche en significations. Souvent, celles-ci sont oubliées à l'instar d'une pièce de monnaie dont l'usure fit disparaître les inscriptions. Le temps est un impitoyable effaceur. L'historien a comme devoir de restituer un semblant de vie à ces vestiges du passé.

Celui qui nous retiendra ici est la croque-au-sel. Vous la connaissez : on met un peu de sel sur un aliment cru — le détail n'est pas sans importance — avant de l'avaler. Hélas, cette description minimaliste fait penser à de l'eau qu'on puiserait avec un panier plutôt qu'avec un seau : elle laisse tout échapper.

La croque-au-sel est en fait le vestige de très anciens rituels. Partager le pain et le sel avec quelqu'un, c'est l'accueillir avec civilité. S'y adonner seul est, peut-être, une marque de raffinement ? N'est-ce pas aussi une action qui nous singularise au sein du règne animal ?

On prend un légume, issu d'un potager. On l'épluche et on le lave. On le coupe en tranches. S'y prêtent carottes, concombres, poivrons, branches de céleri, oignons, tomates, radis, fenouils... On saupoudre d'un peu de sel avant de déguster. Ce faisant, on s'en personnalise la saveur : personne n'a l'outrecuidance de le faire à notre place sauf, peut-être, un parent pour un jeune enfant. Entre deux amoureux, aussi. Cette pratique peut s'étendre à d'autres aliments (l'œuf dur...).

La pincée de sel a un rôle pluriel. Il importe de la saisir à son plus objectif comme à son plus subjectif. C'est une précaution d'asepsie, bactéricide avant l'ingestion d'un mets, auquel on épargne la cuisson. Elle rehausse la saveur d'une bouchée, tout en lui offrant un contraste. Elle incite à la salivation, donc à la production d'enzymes digestives (lysozyme), elles aussi antibiotiques. Partager quelque chose que l'on sale, avec un invité, participe d'un rituel de potlach comme chez les Amérindiens : le sel, ne l'oublions pas, fut, durant des millénaires, une denrée coûteuse, du fait du souverain qui en taxait lourdement la consommation.

18 Quand saler une vinaigrette ?

On peut trouver la question dénuée d'intérêt et sans importance. Nous la traiterons, néanmoins, persuadés que nous sommes qu'un peu d'information ne peut nuire.

Puisqu'il va s'agir de science et que, de plus, les phénomènes impliqués sont plutôt complexes, commençons par une définition : une sauce vinaigrette est une émulsion huile-dans-l'eau, c'est-à-dire une dispersion de mini-gouttelettes d'huile dans un milieu aqueux.
Ce dernier est formé par le vinaigre, dissolution d'acide acétique dans de l'eau. Or, le sel, qui se dissout aisément dans l'eau — et donc aussi dans le vinaigre — est insoluble dans l'huile. Je recommande, en conséquence, d'initier votre vinaigrette en dissolvant — en « faisant fondre » — la quantité de sel, adéquate à l'assaisonnement que vous visez, dans le vinaigre.
C'est ensuite seulement qu'il convient d'ajouter, si vous le jugez bon, du poivre, un peu de moutarde, voire de mayonnaise — qui contribueront des agents émulsifiants et vous feront économiser un peu d'« huile de coude » —, d'éventuelles fines herbes ou autres condiments.
La dernière étape, la plus longue, la plus laborieuse aussi, consiste en l'ajout de la quantité requise d'huile, pour mettre la sauce à votre goût, et à bien agiter jusqu'à ce que l'émulsion prenne et s'épaississe.
Regrettons, enfin, que cette procédure n'ait pas donné matière à une chanson, sur le modèle de « Savez-vous planter les choux ? » !

19 Qu'est-ce que toutes ces salades ?

Le mot « salade » dérive directement du nom du sel. Mais, première contradiction, sa définition est du type « légume cru assaisonné d'une vinaigrette », sans la moindre allusion au sel ! De plus, il présente une grande richesse de sens différents. Comme un linguiste, Maurice Gross, le fit remarquer, les phrases « Luc sème de la salade », « Luc récolte de la salade », « Luc mange de la salade » se rapportent à des objets différents, la graine, la feuille et la préparation culinaire.
Cette polysémie du mot va de pair avec l'extrême diversité des plantes potagères cultivées, accommodées en salade : laitue, batavia, chicorée, frisée, romaine, scarole, pissenlit, épinard, voire encore coquelicot, et j'en passe, dont les feuilles sont consommées crues ou cuites. Qui plus est, le terme est devenu générique. Une salade est (*Trésor de la langue française*) « un mets froid aux divers ingrédients crus ou cuits de même nature ou variés : légumes, viandes, poissons, crustacés, herbes, œufs durs, généralement assaisonnés d'une vinaigrette

qui se consomme en hors-d'œuvre ou en plat principal. »
Remarquons-le à nouveau, c'est non point le sel, mais la vinaigrette qui, apparemment, définit une salade, en cette acception plus générale.

Ce n'est pas tout ! Pensez à des expressions comme « panier à salade », « vous en faites, des salades », « je ne vais pas aller me fourrer dans cette salade », dans lesquelles le mot « salade » désigne un regroupement confus, chaotique, désordonné. À quoi il faut ajouter le bonimenteur ou le professeur d'université « vendant sa salade » en un exposé oral.

Le point commun à ces significations du second type est l'embrouille, le désordre, la présence de multiples composantes indiscernables.

Pour les premières, l'assaisonnement y recèle et y dissimule le sel, que nous retrouvons de la sorte comme tapi en sa salade. Cette dernière est, pratiquement parlant, une invention de la Renaissance italienne, mais qui révolutionna la cuisine française, à partir du XVIIe siècle : les repas, hormis les desserts, devinrent alors comme une succession de salades, en même temps que l'association du sel avec un acide (vinaigre, jus de citron, verjus, vin...) issue de la vinaigrette fut à la base des diverses sauces.

20 Mettre à toutes les sauces ?

Le mot « sauce », qui vient du latin *salsa* — que l'espagnol, l'italien et le portugais ont conservé tel quel — dérive directement du nom du sel, dans toutes ces langues romanes. Il faut voir pourquoi, et cela s'avère plus intéressant que cette seule étymologie puisque déclarer qu'une sauce est salée, ou encore de saveur salée, n'est au mieux qu'un truisme.

Pour aller au-delà, interrogeons-nous sur ce petit plaisir de l'existence, aussi délicieux que plébéien — les aristocrates et les parvenus ne savent pas ce qu'ils perdent à se l'interdire —, saucer. Qu'est-ce qui, au juste, le rend aussi délectable ?

On prend un bout de pain, choisi, puisque tous les morceaux ne sont pas identiques, et on s'en sert pour éponger — un chouïa, ou davantage — ce qui reste de sauce sur l'assiette, voire dans le plat. Chacune des bouchées a un goût légèrement différent. Ainsi, on se cale l'estomac à force de petites gâteries. Est-ce là-dessus que se fondent les restaurateurs bon marché qui vous proposent un morceau de viande avec un choix de différentes sauces ? C'est peut-être la raison pour laquelle

l'expression « mettre à toutes les sauces » a un sens assez péjoratif.
Filons à présent vers l'Asie du Sud-Est, en Thaïlande par exemple. Les Thaïs assaisonnent leur riz de *nam pla*, la saumure de poisson, un peu l'équivalent du *garum* des Romains de l'Antiquité. Ce rapprochement est parlant. Des civilisations agraires, qu'elles soient productrices de céréales (blé) ou de riz, donnent du goût à leur nourriture d'origine terrestre en y mariant la mer, par le biais des petits poissons (anchois) dont on fait *garum*, *ngoc nam* vietnamien ou *nam pla*.
Voilà l'origine des sauces (telle est ma conjecture) ! Quid de l'évolution qui s'ensuivit ? Cela s'est bien complexifié par la suite : voir sauce hollandaise, mousseline ou encore ravigote.

21 Pourquoi faire des salaisons ?

On devrait organiser des visites guidées dans les supermarchés pour présenter — ne serait-ce qu'aux écoliers — les diverses options de conservation des aliments : la déshydratation ; la lyophilisation, qui consiste en une déshydratation sous vide ; la fumaison ; le retrait d'air, donc d'oxygène ; la macération dans le sucre, le miel, l'alcool ou le vinaigre ; les conserves, telles que Nicolas Appert les inventa au début du XIXe siècle ; la réfrigération et la congélation.

Fromage sorti de sa faisselle et en cours de salaison

Au nombre de ces techniques, la salaison est l'une des plus anciennes, pratiquée qu'elle fut, semble-t-il, de tout temps, pour préserver les protéines, celles de la viande et du lait (fromages) surtout. Elle joue du pouvoir mortifère du sel : essentiel à la vie à de faibles doses, il l'extermine à haute dose. Bactéricide, il éradique aussi d'autres micro-organismes, comme les moisissures.
Les rayonnages d'une grande surface, encore aujourd'hui, n'en sont pas avares : jambons, saucisses

et saucissons — allez donc admirer la diversité de l'offre en pays germanique — ; autres variétés de charcuterie à base de viandes cuites, salées, puis enrobées dans une graisse ; morue salée ; harengs saurs ; poissons conservés dans de la saumure, anchois ou filets de harengs (*roll mops*) ; pâte d'anchois…
Ce n'est pas l'apanage seulement d'une nourriture carnée. Outre les fromages secs, j'évoquerai seulement et pèle-mêle, olives ou concombres à la russe, conservés dans une saumure ; bretzels, autres biscuits salés ou confections à base de riz comme amuse-gueule apéritifs ; amandes, noisettes, cacahuètes, noix, pistaches… de même destination.
Vus sous l'angle d'une archéologie de la culture culinaire, ces mets, en dépit d'une grande diversité d'origines ethniques et géographiques, nous viennent probablement tous de nos ancêtres nomades, les chasseurs-cueilleurs. Ils se donnaient la prudence de ne pas s'embarquer sans provisions. Survivre était pour eux prioritaire. Leur commerce avec les sédentaires, y compris après l'invention de l'agriculture, aura permis d'échanger, dans les deux sens, tant fournitures que recettes.

22 Qu'est-ce qu'un saloir ?

Cette pièce de poterie en grès est un récipient utilitaire. De forme cylindrique, sa contenance est de quelques dizaines de litres. On l'utilisait surtout à la salaison de la viande de porc.
On tuait le cochon au début du mois de décembre, à l'approche de la Saint Nicolas. Après découpe, les morceaux de viande étaient placés dans le saloir. Du gros sel était mis entre chacune des couches successives, bourré à l'entour et par-dessus. Durant les quelques mois que durait la macération des chairs en présence de sel, traditionnellement jusqu'à la fin du Carême, les protéines, les graisses et les glucides s'imprégnaient graduellement de sel. Ce qui avait débuté boucherie s'achevait charcuterie.

Saloir (poterie Turgis, Noron-la-Poterie, Calvados)

Le saloir trouvait sa place, tout ce temps, à la cave ; dont la fraîcheur habituelle, conjuguée à celle de la saison hivernale, aidait à la bonne conservation de la viande.

Le porc fut l'un des tout premiers animaux à avoir été domestiqué par l'homme. Il se nourrissait de nos restes et détritus. Son appétit omnivore facilitait grandement son alimentation et ne plaçait pas de charge supplémentaire sur un ménage.
Le saloir où il avait passé l'hiver servait ensuite de garde-manger. Ce fut, un peu, l'ancêtre de nos réfrigérateurs. Du temps, pas très lointain, où la majorité de la population française vivait encore à la campagne, le chef de famille possédait une compétence de boucher-charcutier. Elle garantissait aux personnes présentes dans son foyer une ration protéique minimum, an après an.

23 *Corned beef*, qu'est-ce que ça veut dire ?

Des bœufs cornus ou cornés ? Du bœuf à l'encornet ? Des vaches décornées avant d'être dépecées ? Devant l'habituel défilé de termes faux amis, et l'habituel soupçon « ces Ricains sont capables de tout et n'importe quoi », où donc le sens véritable peut-il s'être niché ?
La réponse est d'une affligeante simplicité. Du bœuf, cuit dans sa graisse et salé pour sa bonne et durable conservation. Dans le nom de cette conserve alimentaire — les GIs la rendirent populaire durant les deux guerres mondiales —, l'adjectif *corned* se rapporte au sel et non au maïs, comme on pourrait le supposer à tort.
En anglais, le mot *corn* est une dénomination du sel, à présent tombée en désuétude. Elle s'éclaire — de même d'ailleurs que dans son autre sens, celui de maïs en anglais d'Amérique — de sa parenté avec les noms *grain* ou *kernel*. *Corn* se rapporte, tout bonnement, en cet usage, aux grains de sel, au sel en grain, bref, à du gros sel…
Pourquoi consacrer du temps et user des neurones à répondre à de telles questions, dignes d'un tournoi télévisé ou d'un jeu de société bien connu ?
Je considère que tout savoir, même émietté, est bon et respectable. À la condition qu'une question en amène d'autres. À propos de ce *corned beef*, un enseignant, tirant parti des réactions de ses élèves, peut rebondir sur l'origine indo-européenne de mots comme « grain » ou « bœuf », causer sur les lignes de ravitaillement des armées en campagne (par exemple lors de l'invasion de l'Allemagne en 1945) ; disserter sur la publicité non sollicitée (ou *spam*), qui vient contaminer nos courriels, ou

encore, partir sur le récit de la conquête de l'Ouest américain (et les cowboys, réels ou mythologiques, des westerns), et sur mainte autre question, soufflée par son imagination et la curiosité des élèves.
Pour accéder au savoir, tout est bon ! C'est d'ailleurs pourquoi, après un flottement initial, j'acceptai d'écrire ce livre-ci.

24 Qu'est-ce que le bœuf gros sel ?

Ce mets s'apparente au pot-au-feu ou au bœuf-ficelle mais en diffère. Il tire son nom de son assaisonnement, du gros sel en abondance. La viande, du plat de côtes typiquement, a été bouillie plusieurs heures. En dépit de la présence de diverses épices dans le bouillon, elle est relativement fade. Il est nécessaire d'en relever la saveur par du sel, des cornichons ou de la moutarde.
L'essentiel est loin de cette description objective. Le bœuf gros sel fait partie de l'imaginaire collectif. Il est allégorique de la cuisine familiale et populaire parisienne. C'est une relique du XIXe siècle, et du tournant du XXe, des bistros de la capitale et des guinguettes des bords de Marne.
Sa connotation est festive. Ce n'est pas un mets pour gourmet solitaire. C'est un plat pour les réunions de famille ou entre amis. Son abondance même fait sa vertu : beaucoup de viande entourée par beaucoup de légumes. De plus, chacun peut accommoder sa portion à son goût ; chacune des bouchées

Le bœuf gros sel, un grand classique de la cuisine populaire parisienne !

peut même se donner une saveur différente, d'après la façon dont on l'a constituée.
Aussi, ce mets a-t-il une place dans notre culture, qu'une brève citation fera apprécier : « J'avais eu pour voisin quelques secondes un dîneur à pardessus qui réclamait toujours du bœuf gros sel et du bœuf gros poivre. » (Giraudoux, *Siegfried et le Limousin*). Le personnage à pardessus est manifestement un Parisien, ressortant sempiternellement la même plaisanterie éculée.

25 Qu'est-ce que l'agneau de pré salé ?

C'est un produit de terroir, hautement prisé. Les prés salés forment un mini-environnement littoral affecté par les marées et recouvert par les grandes marées. Leur végétation compte ainsi des plantes halophiles, c'est-à-dire adaptées à un sol de forte salinité.
Les agneaux sont, par définition, des moutons de moins de quatre mois. De race Rouge de la Hague (ou Roussin) et Suffolk, ils pâturent en France quelques-unes des côtes de la Manche : celles de la baie du Mont Saint-Michel — il s'agit des grévins, comme on les y dénomme —, celles de havres de la Manche dans le Cotentin et l'Avranchin tels que la Vanlée, Saint-Germain-sur-Ay, Régnéville-sur-Mer ; au Québec, l'île Verte. Leur nombre total en France est peu élevé, 2 ou 3 000 seulement. Des Roussins ont été importés en Camargue, pour s'y croiser avec des moutons sauvages ; et s'y implanter, en pâture de pré salé. Ce sont des bêtes robustes et prolifiques.
Leur viande est réputée pour sa saveur, imputable à l'alimentation de ces bêtes. Est-ce là une donnée objective ? Se double-t-elle d'un snobisme, du fait de la relative rareté de la provenance, qui en fait un luxe ? C'est très typiquement un produit de terroir, qui attend encore son appellation AOC du fait, semble-t-il, de rivalités commerciales entre producteurs.
Je les rapprocherai des agneaux de Texel, l'île néerlandaise. On trouve des moutons sur cette île depuis le début du XIXe siècle. En fait, les Texels sont issus des moutons hollandais de polders, croisés avec des races anglaises, au début du siècle dernier. Comme les Roussins, ce sont des bêtes élevées pour leur viande, d'excellente qualité, maigre et musclée. Branche apparue à la fin des années 1970, car déterminée par un gène récessif, les Texels bleus sont issus des Texels blancs.
Le mouton fut l'un des tout premiers animaux à être domestiqués. Cela se fit en Asie du Sud-Ouest il y a onze millénaires !

Agneaux de pré salé dans la baie du Mont Saint-Michel

Son introduction en Europe, tout particulièrement du Nord-Ouest (Bretagne et Grande-Bretagne, Pays-Bas, Scandinavie), date d'il y a au moins six millénaires. C'est alors qu'intervint la différenciation entre l'élevage pour la laine et celui pour la viande.
L'agneau de pré salé représente donc l'une des plus anciennes technologies humaines.

26 Pourquoi frotter de sel un fromage en cours de mûrissement ?

Cette question n'a de réponse que composite. Commençons par ce qui vient en premier à l'esprit : donner sa saveur, toute sa saveur au fromage. Les amateurs le savent, on doit viser un bon équilibre : trop peu de sel, et le fromage n'a qu'un goût insuffisant et donc insatisfaisant ; trop de sel, et le fromage devient immangeable.
Seconde explication, le sel agit comme un bactéricide. Il ne faut pas laisser le fromage se faire envahir par d'autres moisissures et micro-organismes que ceux qui ont été prévus, lors de la confection d'un bleu ou d'un roquefort par exemple. Le salage du fromage, comme celui de ces autres protéines, les viandes soumises à salaison, pour fabriquer du saucisson par exemple, sert aussi à assurer sa conservation sur une longue durée.
Lorsqu'on frotte un fromage de tous côtés avec du sel, on contribue aussi à le fixer dans sa forme géométrique. Ce

faisant, sa croûte se solidifie, par dénaturation locale des protéines au contact immédiat du sel. Cette étape dans la fabrication est importante, elle scelle le fromage et donc, par réduction des échanges gazeux avec l'environnement, emprisonne les substances volatiles responsables de l'arôme.

Organisation de protéines du petit lait sous l'effet du séchage et en présence de sel

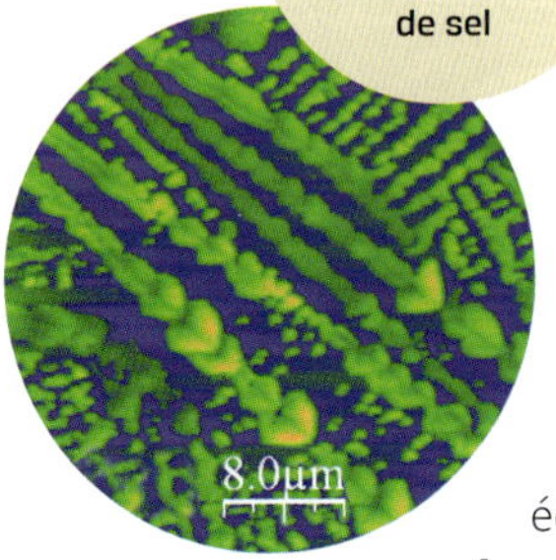

On pratique donc le salage dans les 24 h qui suivent le démoulage des fromages à pâte molle. Pour les fromages cuits, on procède plus graduellement, afin de prolonger la maturation. Il existe deux types de salage : par voie sèche ou par voie humide — comme auraient dit les alchimistes !

Comment s'y prend-on ? On saupoudre de sel le fromage, avant de le frotter pour faire pénétrer la liqueur salée, dès que le sel s'est humecté de l'humidité du fromage, dans le salage à sec. Le cas échéant, on répète l'opération le lendemain. Dans le salage « humide », on fait baigner le fromage dans de la saumure saturée en sel pendant quelques heures, en ayant soin de le retourner à la mi-temps : la densité du fromage fait qu'il flotte sur ce bain.

27 Pourquoi faire dégorger un concombre en tranches ?

Cela s'effectue en saupoudrant du sel sur chacune des couches successives de ce légume, une fois tranché en lamelles minces. On peut accélérer le processus par élévation de température, en plaçant au soleil le récipient recouvert d'un torchon. Il faut évacuer de temps en temps le jus rendu par le concombre.

De la sorte, celui-ci change de texture, il devient plus croquant. Il a la réputation d'être devenu plus digeste. Simple superstition ?

Lorsque le concombre est au nombre des ingrédients d'une salade, cela empêche qu'il n'aille diluer la sauce et « noyer » les autres légumes. On mentionne aussi l'amertume concentrée aux extrémités du concombre, qu'il vaut donc mieux ôter.

C'est peut-être aussi pour le spectacle ! Le concombre dégorgeant son eau offre une belle leçon de science : on voit comment l'eau incluse dans ses cellules migre au dehors pour aller diluer le sel. On assiste donc à l'établissement d'un équilibre thermodynamique : il tend à l'égalisation des teneurs salines des solutions aqueuses, celle se trouvant à l'intérieur des cellules végétales, et celle suscitée par l'addition de sel à l'extérieur du légume.

28 Qu'est-ce que la croûte au sel ?

Cette façon d'apprêter une pièce de viande ou de poisson pourrait faire penser à la gestation. La cuisson s'effectue avec lenteur, elle requiert seulement le maintien d'une chaleur douce. Elle s'effectue à l'abri du regard, elle a dès lors un petit côté magique.

L'élévation de température fait migrer l'humidité du mets — son jus — vers la couche abondante, de trois à quatre kilogrammes par pièce, de gros sel dont on l'aura nappé préalablement, soigneusement et de toute part. Le sel se dissout quelque peu dans cette eau d'évaporation. Il forme dès lors une croûte, espèce de carapace ou de cuirasse au sein de laquelle la nourriture va cuire à l'étouffée, dans son propre jus.

La cuisson en papillotte est le plus proche analogue dont on puisse faire état. Ainsi qu'avec la manière polynésienne de cuisson d'une viande, d'un porcelet par exemple, enterré dans une fosse, refermée avant qu'on n'allume pardessus un brasier, qu'on laisse brûler ensuite quelques heures.

Magret de canard en croûte au sel

L'avantage de la croûte au sel comme mode de cuisson est qu'elle exalte les arômes, sans les dénaturer par un chauffage excessif. La maîtresse de maison s'assure aussi l'estime des convives lorsqu'elle présente le plat, tout juste sorti du four, nanti de son dôme cristallin qu'elle se prépare à briser, par quelques petits coups de maillet ou du dos d'un couteau. Elle met alors de côté l'amoncellement de gros sel, devenu inutile, avant de servir son délectable contenu.

Il s'agit donc de plats cuits au four. On accommodera de la sorte une volaille, un rôti de bœuf, un gigot d'agneau, une truite, un bar ou un loup. Bien entendu, avant d'enfermer la pièce dans son étui salin, on l'aura huilée, aromatisée (fines herbes) et poivrée. Compter 30 minutes de cuisson pour une viande, 45 minutes pour un poisson et une heure et demie pour une volaille. Vous m'en direz des nouvelles !

29 Manger sucré ou salé ?

C'est au sens fort, celui d'une bonne santé, une question de goût. En effet, un élément naturel n'a pas un goût particulièrement sucré ou salé ; à l'exception de quelques fruits bien mûrs. Une telle saveur lui vient plutôt d'un rajout, lors de la préparation de la nourriture ou à table.
Encore aujourd'hui, les populations d'Asie n'aiment pas manger sucré, s'abstiennent par exemple de manger des fruits mûrs. À l'opposé, l'industrie alimentaire du monde occidental tout au moins — au grand scandale des nutritionnistes — ajoute en abondance du sel, du sucre et autres édulcorants.
Ainsi, percevoir la saveur d'un aliment comme salé ou sucré témoigne d'un excès de sel ou de sucre, par rapport à ce qui serait le plus sain. Mais ce n'est pas tout. Ces deux ingrédients, sel et sucre, n'ont pas des rôles physiologiques comparables, qu'on pourrait qualifier trop rapidement de symétriques.
Le sel est essentiel à la vie. S'en priver, c'est la mort, après un lent dépérissement. On peut très bien se passer, par contre, d'un excédent de sucre et du goût sucré qu'il apporte, comme le font les Asiatiques. Les calories qu'il fournit à l'organisme ne sont brûlées que par un tout petit nombre de personnes, alpinistes himalayens ou sportifs de grande compétition.
Ainsi, habituer ses enfants à manger (trop) sucré, c'est les inciter à une addiction dangereuse, tout comme celles à l'alcool ou au tabac, porteuse pour leur avenir d'obésité, de diabète et de maladies circulatoires.

Une histoire de sel

30 À quand remontent les premières productions de sel en Europe ?

Les animaux herbivores ont besoin d'un supplément de sel, outre leur pâture. Une déficience en sel diminue la vitesse de leur course, leur endurance, et affecte négativement leur fertilité. Les carnivores, par contre, obtiennent leur sel des liquides extracellulaires (sang, lymphe) de leurs proies. Ainsi, les chasseurs-cueilleurs du Paléolithique pouvaient se passer d'ajouter du sel à leurs repas.

On peut poser que ce besoin de l'homme n'apparut ou ne s'amplifia qu'avec l'invention de l'agriculture, au Néolithique. Les archéologues ont montré qu'une extraction de sel se fit durant la première moitié du VIe millénaire avant J.-C., à Moriez, dans les Alpes françaises. Quant au sel ignigène,

évaporé d'une saumure, on le trouve exploité au IVe millénaire avant J.-C., au sein de la « culture de Lengyel », en Hongrie.
Par la suite, les ressources salifères furent exploitées, un peu partout. On a l'embarras du choix pour citer des lieux de production, tant ils furent nombreux : source salée de *Poiana Slatina* à Lunca (Roumanie) au Néolithique ancien, entre 6050 et 5500 avant J.-C. ; au Néolithique, durant les Ve, IVe et IIIe millénaires, en Cornouailles, au Tavoliere italien, dans le delta du Guadalquivir en Espagne, à Sandun (Pays de la Loire) et à Salaisons (Bas Languedoc). Dans le Jura français, des sources salées furent exploitées dès le Ve millénaire avant J.-C., s'intensifiant à l'âge du bronze moyen, dans des lieux tels que Grozon, Montmorot, Moutaine, Salins et Saulnot ; à St Père-sous-Vézelay, le site des Fontaines salées fut actif à la fin du Néolithique, entre 2310 et 2220 avant J.-C. ; en Angleterre orientale, les briquetages des Fenland furent exploités durant l'âge du fer et la période romano-britannique subséquente ; de même, en Lorraine, le Briquetage de la Seille (voir la question 33) vit son exploitation durant l'âge du fer perdurer jusqu'à l'occupation romaine ; la saline romaine de Vigo, en Galice, fut en activité du Ier au IIIe siècle après J.-C.

31 Le sel servit-il de monnaie d'échange ?

Au moment où j'écris, le baril de pétrole brut avoisine les 100 dollars US. C'est, en soi, une unité de compte dont les fluctuations affectent directement, tant les cours des monnaies (dollar, euro, yen, yuan…) que les indices boursiers (Dow Jones, CAC40). Or, il ne s'agit que d'une commodité : néanmoins, ce consommable voué à la combustion revêt une valeur quasiment monétaire.
J'ose ici cette analogie du sel au pétrole. Certes, elle n'est plus guère d'application, aujourd'hui que la denrée-sel s'est banalisée, devenue surabondante. Mais ce ne fut pas toujours le cas. Dans la longue histoire de l'humanité, le sel-monnaie eut sa place — aux premiers rangs.
Le composé chimique NaCl (chlorure de sodium) a des caractéristiques notables, à l'égard d'une telle promotion en unité de compte. Chimiquement parlant, il est inoxydable. Il est inaltérable aussi, sauf que sa dissolution aisée dans l'eau et son hygroscopie ne le rendent pas immun aux attaques d'humidité. Il est précieux, en tant qu'outil de conservation des aliments. Cela est vrai, tant pour des nomades que pour

des sédentaires, d'où une véritable vocation aux échanges entre groupes humains avoisinants.
Le concept de monnaie fait penser inévitablement aux métaux précieux, or, argent, voire cuivre, dont le sel se différencie fortement. Mais pas absolument. En tant que valeur-monnaie, il est lui aussi aisément quantifiable, par le poids, mieux encore par le volume, dans les multiples sociétés agraires qui ont institutionnalisé sa production et sa distribution, souvent monopolistique. Côté qualité, il a même l'avantage sur l'argent ou l'or, dont la détermination du titre est laborieuse — coupellation pour en évaluer la pureté —, d'un test d'une insigne aisance : y goûter de la pointe de la langue.
La préhistoire aurait-elle eu sa « Confrérie des Chevaliers du Tastesel » ?

32 Qu'est-ce que le Saulnois ?

Parmi les quelques centaines de pays de France, le Saulnois doit tant son nom que son ancienne prospérité aux sources salines qui le parsèment. Une bonne douzaine furent exploitées au cours des âges, ce que les toponymes rappellent fréquemment : Salées-Eaux, Marsal, Château-Salins, Salonnes. Géographiquement, il s'agit de la vallée de la Haute-Seille, arrondissement de Château-Salins, dans le sud du département de la Moselle.
Les paysages y sont réguliers, d'une grande douceur, d'une beauté qui pour être discrète n'en est pas moins pénétrante. La géologie associe des marnes et des grès. Comme ces deux types de roches subissent l'érosion à des rythmes différents, cela donne un relief en cuestas avec des buttes d'une centaine de mètres d'altitude.
Le Saulnois, de par son importance économique, lui venant de la production de sel, fut un enjeu durant les nombreuses guerres franco-allemandes. La population française en a été expulsée en 1940, nombre de familles se trouvant une nouvelle attache en région toulousaine. En 1944, des combats y eurent encore lieu.
Qu'elle fut une région d'importance géopolitique se jauge par les nombreux ouvrages de défense qui s'y trouvent dont certains furent érigés par Vauban. De plus, cela se rappelle bruyamment à l'attention lorsqu'une paire de chasseurs-bombardiers passe à basse altitude, au départ ou au retour d'une mission d'observation vers l'Est européen.

33 Qu'est-ce que le Briquetage de la Seille ?

Ce sont les ruines d'une industrie préhistorique du sel, qui s'exerça dans la vallée de la Seille, en Lorraine, de la fin de l'âge du bronze (– 850 av. J.-C.) à la conquête romaine (– 50 av. J.-C.). Les tessons de céramiques utilitaires, marmites où l'on faisait bouillir la saumure issue de sources salées, constituent un monceau de débris, entre Vic-sur-Seille et Marsal, équivalant à trois fois le volume de la grande pyramide de Khéops ! Les déchets de cette technique d'extraction du sel couvrent une superficie d'environ 120 hectares, répartis en six zones : les villages de Marsal, Moyenvic, Vic-sur-Seille, Salonnes, la butte de Châtry entre Vic et Moyenvic, et le château de Burthécourt sur la commune de Salonnes. Ces restes, qui peuvent localement atteindre une épaisseur de plus de 10 m, ont formé un véritable radier, permettant l'établissement d'habitations dans ces zones marécageuses.

Marsal (Moselle), fouille d'un fourneau à sel du VIe s. av. J.-C.

Les restes des récipients en argile qui servaient à faire bouillir la saumure sur des fours à feux de bois et les bâtonnets d'argile cuite dont l'assemblage permettait une partie de l'évaporation de cette saumure coexistent avec les traces de centaines de fours d'évaporation de la saumure, qui étaient chauffés au bois. Une nécropole voisine abrite les restes des ouvriers, ceux aussi des princes et princesses du sel.
Ces ateliers produisaient, on peut l'estimer, une dizaine de milliers de tonnes de sel par an, et fournissaient environ le quart des besoins des Gaulois. Ils causèrent la déforestation des hauteurs voisines et ont, sans doute, suscité l'importation de bois de chauffage, de diverses et lointaines provenances.
Depuis une dizaine d'années, une équipe d'archéologues, animée par l'Américain Jo Kovacik et le Français Laurent Olivier, conservateur au musée des Antiquités nationales à Saint-Germain-en-Laye, fouille ce site exceptionnel.

34 Pourquoi fêter la Saint Nicolas ?

En Europe centrale et du Nord, ainsi qu'en Lorraine, les enfants recevaient — et reçoivent encore — leurs cadeaux de fin d'année à la Saint Nicolas, le 6 décembre. Dans d'autres régions, à commencer par l'Angleterre, le glissement vers la Noël intervint vers le milieu du XIXᵉ siècle.
La légende dit que le saint homme découvrit trois écoliers qu'un cruel boucher avait déjà mis dans un saloir, avant de les tuer pour les manger. Il leur sauva la vie et y trouva la réputation d'un protecteur des enfants.
Le culte de Saint Nicolas est vivace dans ces régions, qui trouvent leur sel dans des mines, ou en faisant bouillir l'eau de sources salines. C'est le cas en Lorraine, avec un dôme de sel sous-jacent (voir la question 60).
Pourquoi donc associer ce saint au sel ? Je me hasarderai à cette conjecture : Saint Nicolas fut évêque à Myra, une ville d'Asie mineure. Le mot *muira*, qui ressemble beaucoup à Myra, signifie « saumure » en langue latine. Une saumure — un mot en soi redondant, car il dérive de *sau* (= sel) et *muira* (= saumure) —, issue des sources salines, sert à la production de sel, en Lorraine en particulier.
C'est donc une espèce de calembour qui explique pourquoi, encore aujourd'hui, les enfants de ces régions reçoivent des cadeaux pour la Saint Nicolas plutôt qu'à Noël. Les deux fêtes se sont d'ailleurs amalgamées au cours des siècles. Santa

Claus, le nom du Père Noël en anglais, est Saint Nicolas. Le costume rouge du Père Noël est dérivé du costume liturgique d'un évêque.
On peut subodorer aussi que la légende de Saint Nicolas et des trois écoliers tire son origine de la christianisation de toute cette aire culturelle, centrale- et nord-européenne, aux premiers siècles de notre ère. Elle aurait interdit des rites païens, sacrifices humains et cannibalisme, préexistants.

35 Le sel fit-il Venise ?

L'assertion semble bizarre. Rien de plus vrai, pourtant. Durant le Haut Moyen Âge, aux Ve et VIe siècles, lors des invasions barbares, des hostilités firent rage entre les Lombards et les Altiniens, une peuplade plus orientale. Les Lombards parvinrent à repousser les Altiniens jusqu'aux rives de l'Adriatique. Les Altiniens — les futurs Vénitiens, en fait — se retrouvèrent dénués et sans autres ressources que le sable, le soleil et les flots.
L'adversité n'est-elle pas mère de l'invention ? Les Altiniens se mirent à recueillir puis à fabriquer du sel. Ils mirent en place des marais salants primitifs. Ils commercèrent de la précieuse denrée avec les Lombards, obtenant en échange des produits agricoles. Ils comprirent très tôt l'avantage qu'il y avait à détenir le monopole de la production du sel, qui leur permettait d'en fixer le prix de vente à leur convenance. Cela les incita à s'emparer, petit à petit, des salines voisines, telles qu'à Chioggia ; puis sur l'entier pourtour de l'Adriatique. Les Vénitiens généralisèrent ensuite ce modèle économique monopolistique à d'autres denrées que le sel, épices et soieries en provenance d'Orient et d'Extrême-Orient, entre autres.
Des marais salants lagunaires nécessitèrent de grands travaux hydrauliques, tant à l'installation qu'à l'entretien. Cela détermina l'organisation administrative de la Sérénissime, qui célébrait rituellement ses noces avec la mer : un gouvernement fort, ordonnateur de ces infrastructures d'intérêt public, durablement stable, capable tant de planification que d'une bonne gestion des lieux de production, capable aussi de reconstituer rapidement l'outil de travail lorsque des intempéries ou même des catastrophes naturelles le compromettaient.
Enfin, un coup d'œil sur une carte de la ville de Venise montre un réseau de canaux et un quadrillage des quartiers

Les canaux vénitiens reproduisent la topographie d'un marais salant

d'habitations : le modèle urbanistique décalque la topographie d'un marais salant.
L'épisode resta singulier. Rien de tel ne s'érigea à Hyères, Aygues-Mortes, Bourgneuf ou Noirmoutier. Les Vénitiens durent avoir d'exceptionnelles personnalités à leur tête, des visionnaires.

36 De quand datent les marais salants de Guérande ?

Ils remonteraient à l'époque gallo-romaine. Cette assertion se fonde sur de solides données, non pas archéologiques mais lexicales. Le vocabulaire des paludiers de Guérande, d'une grande richesse, comporte plusieurs termes techniques, provenant du latin tardif, qu'il a en commun avec celui des travailleurs des salines de la région de Venise, comme à Chioggia.
Ce sont des attestations fortes d'interactions ayant existé, il y a de très nombreux siècles, entre ces ouvrages de l'Adriatique

et ceux de la façade continentale atlantique. Furent-elles directes ? On peut imaginer que des paludiers de l'Adriatique vinrent installer les premiers marais salants dans la région de Batz et Guérande, au nord de l'estuaire de la Loire. S'agit-il de l'inverse, de paludiers bretons partis s'initier à leur artisanat sophistiqué sur les bords de l'Adriatique ?
Mais donnons un exemple. Attestés depuis le IXe siècle, *capitellos* et *scanne* sont communs au lexique des paludiers guérandais et de leurs confrères vénitiens. Ces termes renvoient au droit romain de la fin de l'Antiquité. À Rome, l'État avait le monopole de la production et de la vente du sel dans l'Empire, quelle que soit son origine (mines, évaporation d'une saumure, marais salants). Les territoires de la Gaule, après la conquête de César en 56 avant J.-C., furent soumis à cette même réglementation et hégémonie du gouvernement romain.

Le vocabulaire technique indique d'autres contacts aussi. Le mot *aderne* proviendrait du bas-latin *baderna*, un terme technique des « bouilleurs de saumure » exploitant des sources salées en Lorraine et Franche-Comté.

Un marais salant à Guérande

Quid du nom Guérande, attesté lui aussi depuis le IXe siècle ? Est-il lui aussi une survivance de liens avec la région vénitienne ? Absolument pas. En breton, il signifierait « le pays (*rann*) blanc (*gwenn*) ». La référence serait aux amoncellements coniques de sel en bordure du marais salant. Mais les érudits penchent plutôt pour une autre signification de ce toponyme, telle que « terre en friche » ou « parcelle consacrée ».

37 Comment Munich naquit-elle ?

Au début du second millénaire, des routes du sel permettaient de l'acheminer depuis les villes productrices du sud de l'Allemagne (par exemple, Berchtesgaden, Bad Reichenhall, Salzbourg) vers le nord. Föhringen était, au XIIe siècle, une bourgade en Bavière. L'acheminement du sel au travers de Föhringen était alors taxé : cela permettait à l'évêque de la ville voisine de Freising de remplir ses coffres d'un substantiel revenu.
Cela ne perdura pas car Henri, dit Le Lion (1129-1185), alors duc de Saxe et de Bavière, en prit ombrage. En 1156, il avait reçu de l'empereur Barberousse le duché de Bavière. Le Lion, afin d'augmenter encore tant sa puissance que ses revenus, ordonna la destruction du pont de Föhringen sur l'Isar. Il fit alors (1157-1158) édifier les premiers bâtiments de Munich, un peu en amont. Cela lui permit de lever à son tour un impôt sur le sel, à son bénéfice bien évidemment. Les deux rivaux trouvèrent un accord lors d'un conseil d'Empire convoqué par l'empereur Barberousse. Cet accord, ou « Augsburger Vergleich » du 14 juin 1158, est l'acte fondateur de la ville de Munich. Il entérina le déplacement du marché, du pont et de la douane. En échange, Henri s'acquitta désormais d'un versement d'un tiers des recettes à l'évêque.
Henri Le Lion était très conscient de l'importance stratégique du sel et de son transport, puisqu'on lui doit aussi la construction du port de Lübeck sur la Baltique (1159), et celle de la ville de Lünebourg, avec ses salins qui, plus tard, alimenteront cette grande ressource de la Ligue hanséatique (voir la question suivante), la salaison des harengs.
La production de sel devint dès lors un monopole royal en Bavière. Cette ressource financière était loin d'être négligeable. Plusieurs siècles plus tard, en 1596, le seul revenu de l'impôt sur le sel représentait encore 40 % du total des revenus du roi de Bavière.

38 Que fut la Ligue hanséatique ?

Une organisation commerciale qui domina la région de la Baltique, d'importance économique majeure durant la fin du Moyen Âge, aux XIIIe et XIVe siècles. La signature architecturale en fut des maisons de briques aux pignons étagés.

En 1298, s'achevaient les travaux de creusement et d'aménagement du canal de l'Elbe à la Trave, long d'une centaine de kilomètres, avec 17 écluses. Il servit au transport du sel par péniches, depuis Lünebourg, lieu où le sel était produit, jusqu'à Lübeck, port de la Baltique, où il servait à la salaison des harengs, pour le compte de la Ligue hanséatique. Cette dernière fut ainsi en mesure de monopoliser le commerce des harengs jusqu'au XIVe siècle.

Pourquoi pas au-delà ? En 1392, après le Traité de Straalsund, le Royaume de Danemark ouvrit le Sund au trafic maritime. Ceci permit aux navigateurs et négociants néerlandais d'aller livrer en Baltique du sel d'une autre provenance : celui originaire de la baie de Bourgneuf, en façade atlantique de la France, entre les estuaires de la Loire et de la Gironde, notamment. Ils en livrèrent 100 000 tonnes par an, à Lübeck et dans la région. Cela porta le coup de grâce à la Ligue hanséatique qui n'était plus en situation de monopole.

Pêche au hareng

Durant sa période faste, à partir de 1169 environ — on date conventionnellement sa fondation en 1239 — et durant les deux siècles suivants, la Ligue hanséatique fit ombrage et porta préjudice au commerce britannique. La première tentative anglaise pour briser le monopole commercial de la Ligue se situa en 1377-1380 : dès l'avènement du jeune roi Richard II, au moyen d'une action parlementaire et diplomatique, les Anglais passèrent un accord avec la Ligue, protégeant les intérêts commerciaux britanniques.Quelques années plus tard, naissait un nouveau conflit

armé entre les villes de la Ligue et le Royaume de Danemark. Dès 1348 en effet, le roi du Danemark, Waldemar III, avait engagé une bataille navale avec les vaisseaux de la Ligue. Une autre intervint en 1361. En 1364, la Ligue détruisait l'intégralité de la flotte danoise. Mais, comme on l'a vu plus haut, le Danemark parvint en 1392 à briser le monopole de la Ligue sans avoir à livrer combat, par l'arme économique, en sapant à la base l'un des fondements de la puissance de la Ligue.
Histoire ancienne que tout cela, sans intérêt pour nous aujourd'hui ? Nenni : les harengs de la Baltique, ces poissons qui firent la fortune de la Ligue hanséatique, continuent de fournir une part non négligeable de notre alimentation protéique. Pensez filets de harengs à l'huile, « hareng saur — sec, sec, sec » (*Le Hareng saur*, Charles Cros, 1872), hareng mariné, kipper et maatje, et autres rollmops.

39 Le sel est-il à l'origine du cognac ?

Jusqu'à ce que Colbert y mit fin, les navigateurs néerlandais — ces « hardis Hollandais », l'exemple que donnait l'instituteur en nous enjoignant d'éviter de marquer systématiquement la liaison — remontaient en gabarres les rivières françaises orientées d'est en ouest : le Tarn, le Lot, la Dordogne, la Charente aussi. Ils s'adonnaient à un trafic très actif, livrant la morue salée à l'aller, emportant des bois au retour.
Les Néerlandais en avaient un grand besoin pour construire leurs navires. Ils avaient considérablement déboisé déjà chez eux. Ils s'approvisionnaient, entre autres, dans les forêts du Limousin. Leur autre fourniture, dans la même région ouest-atlantique de la France, était le sel. Il leur était indispensable à la salaison de la morue, qu'ils pêchaient aux abords de Terre-Neuve. Il provenait de salines comme Guérande et celles de la baie de Bourgneuf, au nord et au sud de l'estuaire de la Loire, respectivement.
Un vestige de ce négoce pluriel est la brandade. Les brandades, devrait-on dire plutôt. Les recettes diffèrent suivant les lieux : celle du Fijacquois, celle du Rouergue ou celle de Nîmes. Néanmoins, toutes se donnent la morue (dessalée) comme base.
Une autre trace de cette activité économique du XVIIe siècle est le cognac. Lors de leur séjour en Charente, ces hardis Hollandais achetaient des vins locaux. Cependant, ces vins, de faible teneur alcoolique, supportaient mal le voyage de retour aux Pays-Bas. Aussi, les viticulteurs charentais eurent-ils l'idée de

les distiller et de livrer à leurs clients nordiques de l'alcool plutôt que du vin, en tonnelets. Telle est l'origine du cognac, qui fit plus tard la fortune des viticulteurs de Charente.
L'histoire économique est ainsi faite, de l'entrecroisement des productions et commerces des denrées les plus diverses.

40 Les anciennes salines ont-elles laissé des traces sur nos cartes géographiques ?

Assurément ! Et c'est le cas, non seulement d'anciens lieux de production du sel, mais aussi de stockage et de distribution à la population (greniers à sel). À parcourir la France en voiture et à rester aux aguets, vous apercevrez fréquemment de telles indications. Elles ne sont pas toujours évidentes, ni véridiques. Un seul exemple, bien établi : Salies de Béarn est le nom d'une cité du sel ; ses eaux salées ont, de longue date, incité à des cures thermales.
Les contre-exemples abondent aussi. Saumur n'a rien à voir avec une saumure ; on ignore d'ailleurs au juste l'origine du nom de cette ville. De même, Sauternes n'évoque pas le sel, mais des terres boisées. Salbris est nommé ainsi du fait de la présence d'un pont sur la Sauldre. La toponymie est presque vicieuse tant elle induit à de fausses conclusions : Sallespisse n'a rien à voir avec le sel, ni avec une fontaine ou un ruisseau. *Sala* est un mot d'origine germanique, passé en occitan, qui désignait une maison noble ou un petit château. On lui adjoignit, dès le Moyen Âge, un nom d'homme, ici un nom romanisé en Piccius, comme à Pissos (dans les Landes).
Ç'en est vexant ! Le savoir manque de transparence. Et son partage n'a rien à voir avec l'arrosage de fleurs, si on l'assimile à une eau bienfaisante qu'il suffirait de verser pour alimenter des esprits avides de le recevoir. Assimiler la science à un ensemble de connaissances qu'il suffirait de traduire en langue commune pour les rendre accessibles, n'est qu'une fiction de journaliste.
Ce cas des toponymes le montre bien : il n'est de savoir qu'au prix d'une recherche, donc d'un travail et d'un effort personnels. On n'y coupe pas ! La recherche scientifique offre de multiples joies

Le saviez-vous ?
La ville de Franche-Comté, Lons-le-Saunier, doit son nom à son ancienne appellation latine, *Ledo-Salinarius*. Elle la tenait de sources salées que les Romains exploitèrent. Au Moyen Âge, les nombreuses abbayes et couvents en tirèrent d'importants revenus. Ces mêmes salines firent aussi la fortune de grandes familles aristocratiques de Bourgogne, de Vienne et de Chalon.

intellectuelles, certes. Mais, pas plus qu'on ne rase gratis, ou que le canard aux olives ne pousse au bord des chemins, le savoir se partage dans l'exacte mesure où l'effort consenti en crée autant le désir que la satisfaction.

41 Qu'est devenue la salière de Benvenuto Cellini ?

En 1543, François Ier, roi de France, passait commande à l'artiste-sculpteur italien, Benvenuto Cellini, d'une… salière. C'est dire l'importance fastueuse qu'avait alors, sur les tables princières, cet ustensile. On le mettait tout en haut de table, devant l'hôte et ses invités d'honneur.

Cellini conçut un objet somptueux, d'un très grand luxe, fait d'or et d'ébène. La coupe proposant du sel, sur le dessus, est flanquée de personnages mythologiques, allégories de l'Océan (Neptune avec son trident) et de la Terre, puisque le sel est produit par l'un et l'autre, ainsi qu'en leurs lieux de rencontre, les rivages. Les Quatre Vents, aux quatre coins, décorent aussi ce merveilleux joyau : Aquilon, Favonius, Auster et Vulturnus. D'autres personnages sont figurés, en bas-relief, autour de la base en ébène. Ce sont des allégories des moments majeurs de la journée, l'Aube et le Crépuscule, la Nuit et le Jour. Pour ces

deux derniers, Cellini, qui admirait grandement Michel-Ange, copia les deux figures du tombeau des Médicis dans leur chapelle de Florence.
Cette salière de Cellini devint l'un des fleurons du trésor des rois de France. Seules les couronnes, peut-être, étaient prisées davantage. Sa valeur était inestimable. En 1815, après Waterloo, lorsque les troupes des Alliés envahirent Paris, elle fut saisie : une prise de guerre dont le caractère symbolique fut patent. On peut la voir, de nos jours, exposée au Kunsthistorisches Museum, à Vienne, en Autriche. *Sic transit gloria mundi*…

42 Qu'est-ce que le sel gemme ?

C'est le sel des mines de sel, celui dénommé en anglais « sel de roche », comme on parle du « cristal de roche ». Ces appellations font penser aussi au surnom d'or blanc. Cette terminologie, digne d'un lapidaire ou de la joaillerie, est paradoxale, appliquée qu'elle est — ou plutôt, qu'elle fut — à une commodité, c'est-à-dire à une matière première minérale exploitée et commercialisée à l'échelle de la mégatonne.
La première partie de l'explication tient à l'aspect du sel gemme. C'est un beau solide cristallin, transparent comme le verre ou comme du cristal, justement. On ne peut s'empêcher, à cet égard, de rappeler la cristallisation stendhalienne. Dans son livre *De l'amour*, Stendhal compare un amour naissant à un bijou de sel gemme : « Laissez travailler la tête d'un amant pendant vingt-quatre heures et voici ce que vous trouverez : aux mines de sel de Salzbourg, on jette dans les profondeurs abandonnées de la mine un rameau d'arbre effeuillé par l'hiver ; deux ou trois mois après, on le retire couvert de cristallisations brillantes. Les plus petites branches, celles qui ne sont pas plus grandes que la patte d'une mésange, sont garnies d'une infinité de diamants mobiles et éblouissants. On ne peut plus reconnaître le rameau primitif.
« Ce que j'appelle cristallisation, c'est l'opération de l'esprit qui tire de tout ce qui se présente, la découverte que l'objet aimé a de nouvelles perfections. En un mot, il suffit de penser à une perfection pour la voir dans ce que l'on aime. »
La seconde partie de l'explication tient à ce que, des siècles durant, les princes qui nous gouvernent firent arbitrairement du sel une denrée rare et donc précieuse. Ils exercèrent ainsi une inhumaine cruauté, organisant délibérément la pénurie, thésaurisant cette ressource, conservant l'hégémonie sur sa

Morceaux de sel gemme. Cette coloration leur vient d'impuretés, vraisemblablement ferriques

distribution, aux cours qu'ils avaient fixés, afin de pouvoir lever des impôts sur le sel, qui servirent à financer leurs fastes et leurs expéditions guerrières.
Au cas où nous aurions un besoin physiologique de sable, on peut subodorer que ce dernier aurait été raréfié de même, de façon artificielle, au seul bénéfice du souverain. En ce cas, peut-être parlerait-on de « sable gemme » ?

43 Pourquoi en avoir fait un produit de luxe ?

Pour répondre à cette question, il faut présupposer que luxuriance et luxe s'opposent radicalement. La première est le fait de la nature, qu'il s'agisse de la forêt vierge ou des poissons dans un lagon, à l'entour d'un récif corallien. Le second est une invention de l'homme. Elle émane d'un pouvoir, de tout pouvoir. Un pouvoir se reconnait au luxe dont il s'entoure. Et qui consiste en des objets précieux, en des singularités naturelles, telles que métaux nobles et pierres précieuses, pour se parer en bijoux ; riches étoffes, pour se vêtir ; et une valetaille nombreuse et dévouée, dont on peut se vanter.
Mais comment se doter d'un tel environnement de privilégiés ? D'abord, par la conquête du pouvoir, cela va sans dire. Puis, une fois le pouvoir acquis, il n'est guère de solution plus facile que taxer le peuple : le verbe « assujettir » l'exprime éloquemment. Dès lors, les princes et les gouvernants choisissent d'imposer des denrées essentielles à leurs sujets : le sel fut l'une d'elles, un peu partout, et durant des millénaires (en France, jusqu'en

1945). À présent, l'ont remplacé — outre l'alcool et le tabac qui ne répondent certes pas à des besoins vitaux — l'eau potable, l'essence et le fioul, l'électronique grand public, mais pas encore l'air que nous respirons... De plus, le secteur privé n'est pas en reste : j'ai en tête les compagnies d'assurances.
Pour en revenir au sel, surabondant à la surface de notre planète, ainsi que dans la croûte terrestre, en organiser la raréfaction, tout artificieuse et en faire un produit de luxe : il fallait le faire, chapeau !
On peut opter pour une jérémiade et déplorer une telle inhumanité chez l'homme. On peut aussi prendre le parti d'en rire, et trouver drolatique une telle aberration.

44 Qu'était donc la Route du Sel ?

Il n'y eut pas une mais de nombreuses routes du sel, depuis l'Antiquité jusqu'à l'implantation du réseau ferroviaire, durant la seconde moitié du XIXe siècle. Par ces artères, circulait le sel de ses lieux de production, périphériques (Lorraine, rives de la Méditerranée ou de l'Atlantique), aux greniers où on l'entreposait, sous bonne garde, avant de le distribuer aux consommateurs. Toutes les régions, y compris les plus enclavées — Queyras, Ubaye, Auvergne, Pays basque, Suisse, Piémont... —, devaient bien entendu être desservies, tant bien que mal et dans la continuité.
Des convois muletiers transportaient la lourde et précieuse denrée. Ils étaient accompagnés d'une escorte armée, chargée de leur protection comme de leur surveillance — histoire de limiter les prélèvements illicites et la contrebande. Les chargements de sel étaient tenus d'acquitter des péages à la traversée des terres de puissants seigneurs, nombreux à se servir de la sorte ! Ils passaient aussi par des octrois où l'on contrôlait la marchandise et sa documentation, et où il fallait verser une taxe de passage.
Ainsi, une des routes du sel partait des salins de Peccaïs, proches d'Aygues-Mortes et de la Camargue, longeait la côte vers l'ouest puis remontait vers le nord, longeant les Cévennes, vers Millau et le Rouergue, *via* Salmiech et Rodez.
Une autre partait à l'opposé, vers l'est, depuis les salines d'Hyères, proches de Toulon. Elle servait à ravitailler, au loin, Turin et le Piémont. Pour y parvenir, cette route longeait l'Esterel, passait par Nice et franchissait les escarpements montagneux — anticipant sur ce qui deviendrait plus tard les

Transport de sel dans la vallée de la Roya (Alpes) (gravure anonyme)

Petite et Grande Corniches au-dessus de Monaco et Villefranche —, atteignait Menton et se hissait jusqu'au col de Tende, avant de redescendre vers la plaine du Po.
Une autre route encore reliait Metz, à Trêves et la vallée du Rhin au nord, au sud à Strasbourg, puis rejoignait Moyenmoutier (Vosges). Elle traversait les Vosges au col du Hans, entrait en Alsace par Saales avant d'aller à Strasbourg ou de bifurquer vers Sélestat, pour se diriger ensuite vers la Suisse et l'Italie.
La quatrième et dernière route du sel que je citerai allait de Brouage à Clermont-Ferrand. Au XIVe siècle, le sel partait de Brouage, puis passait par Asnières-la-Giraud, Matha, Xambes, Maraillac, Ruffec, Saint-Jurier, Limoges avant de parvenir enfin à Clermont.

45 Quelle est l'origine du mot « gabelou » ?

Un gabelou est un agent du fisc. Le terme, initialement de l'argot, passa dans la langue courante. Il est à la fois familier et péjoratif.
Pourquoi gabelou ? La gabelle désignait sous l'Ancien Régime, et depuis 1342 (Philippe VI), un impôt sur la consommation de sel. Cet impôt était honni : il fut une cause majeure de la Révolution française. C'était un moyen commode pour le roi

d'augmenter ses revenus, par l'entremise des fermiers généraux, qui avaient pour mission de percevoir l'impôt et d'en reverser une partie au roi. Pour ne citer que lui, le cardinal Richelieu alourdit considérablement cet impôt lorsqu'il était au pouvoir pour financer les campagnes militaires du roi.
Cette taxe était d'autant plus mal perçue qu'elle frappait indistinctement riches et pauvres ; ces derniers, proportionnellement, plus rudement. Elle était inéquitable, plusieurs régimes de gabelles coexistaient, le taux de l'imposition dépendait de la région dans laquelle on vivait. Cela entraîna, on le devine, une contrebande massive de sel vers les parties

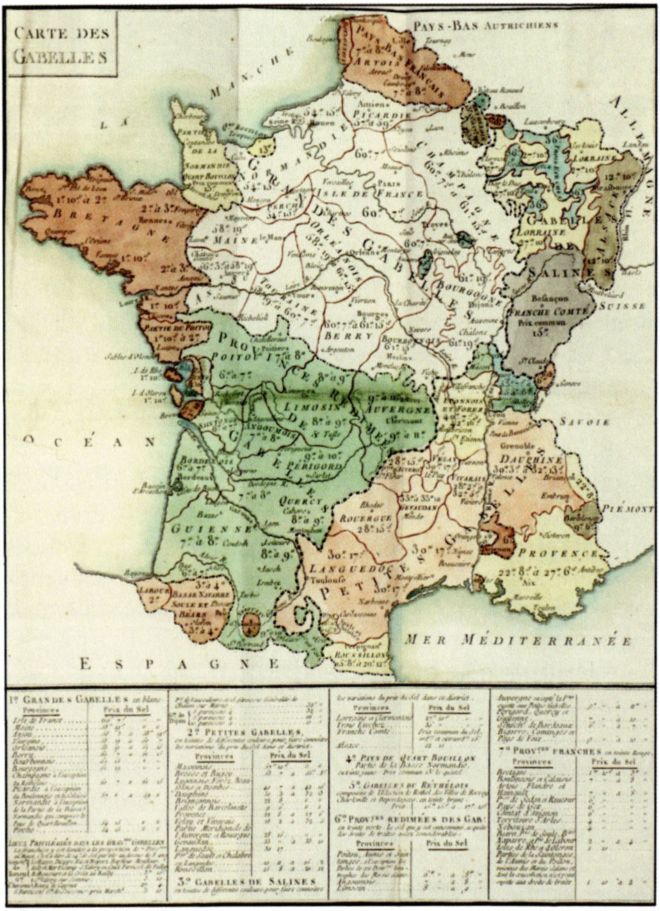

À partir du XVIIe siècle (ordonnance de Colbert en mai 1680), la France est divisée en six zones, avec pour chacune un taux de prélèvement de la gabelle différent.

du royaume où la gabelle était la plus lourde. Lorsque les contrebandiers, qu'on appelait des faux-sauniers, étaient arrêtés par les gabelous, les peines encourues étaient d'une sévérité qui se voulait exemplaire : le bagne fréquemment. La répression de la fraude était féroce.

La Révolution française mit donc un terme, le 1er décembre 1790, à cet impôt inique. Comme il rapportait des sommes colossales au roi de France, la Restauration le rétablit. Ce n'est qu'en 1945 que la gabelle fut finalement abolie en France. Le Général de Gaulle était président du Conseil, c'est-à-dire Premier ministre. Un rapport de M. René Pléven conclut à la suppression pure et simple de la tant détestée gabelle et l'Assemblée nationale fit sienne cette conclusion en votant la loi de finance.

46 Qu'est-ce que l'esprit de sel ?

C'est l'ancien nom de l'acide chlorhydrique. Un droguiste vous le vendra encore sous cette appellation, en cours de disparition.

Les alchimistes, dont l'Œuvre avait une double face, matérielle et spirituelle, dénommaient « esprits » les corps volatils. Il en reste des traces bien visibles dans la langue et la culture. L'alcool était dénommé « *esprit* de vin », ce qui nous a légué les spiritueux et leur commerce.

Mais comment donc peut-on organiser, et assister à cette extraordinaire métamorphose du sel NaCl, un solide cristallin dont les températures, tant de fusion que de vaporisation, sont extrêmement élevées, en un gaz de composition HCl (H = hydrogène, Cl = chlore).

Le premier à avoir accompli cette prouesse, par l'entremise de l'acide sulfurique, fut au XVIIe siècle Johann Rudolf Glauber. Cette découverte est créditée aussi au suédois Carl Wilhelm Scheele en 1772, tandis que son rival anglais Joseph Priestley purifia cet HCl, la même année. La composition HCl fut établie par un autre anglais, Humphry Davy, en 1818. Puis, l'esprit de sel se banalisa, peu à peu…

Mais revenons de la lettre, qu'est la formule chimique HCl, à l'esprit ; suivant en cela l'injonction et la distinction pauliniennes (*Épîtres* III, 6). Faut-il s'attacher davantage à l'esprit qu'à la lettre ? Remarquons seulement que la science s'écarte radicalement de la religion ; et que la chimie moderne, lors de la révolution animée par Lavoisier à la fin du

XVIIIe siècle, se constitua sur la base d'une terminologie et d'une écriture cohérentes ; bref de la lettre, davantage que de l'esprit, ou tout au moins de la lettre en tant que représentation de l'esprit.

47 Qu'est le salpêtre ?

Ce terme provient du latin médiéval *sal petrae*, signifiant « sel de pierre ». En effet, le salpêtre, nitrate de potassium pour lui donner son appellation technique, est une couche pulvérulente blanchâtre se formant sur les vieux murs humides en pierre. C'est le résidu du métabolisme de bactéries qui se nourrissent de l'ammoniac provenant de l'eau du sol, ou d'un voisinage riche en urine, et du carbonate de potassium présent dans nombre de calcaires.

Ingrédient de la poudre noire (6 parties de salpêtre, 1 partie de soufre et 1 partie de charbon de bois), le salpêtre fit partie durant des siècles de l'approvisionnement des fabricants de munitions. Sa pénurie, durant la Révolution française, en dépit de la constitution de la Régie des poudres et salpêtres par Turgot et Lavoisier (30 mai 1775), conduisit à une grande campagne nationale de collecte du salpêtre.

Le nitrate de potassium est un composé chimique d'une grande instabilité. Sa décomposition se fait avec libération de molécules de diazote et de dioxygène, qui sont au contraire d'une grande stabilité ; d'où sa fragmentation détonante. On ne compte plus les catastrophes provenant de son explosion : poudrière de Delft rasant cette ville, en octobre 1654 ; poudrière du Parthénon, en 1687, heureusement après que lord Elgin en eût sauvé les frises en bas-relief ; poudrière de Grenelle, à Paris en septembre 1794, plus de 1 000 morts ; poudrière de Lagoubran, entre La Seyne et Toulon en mars 1899 ; poudrière de Windsor, en juillet 1901 ; explosions des cuirassés Iéna et Liberté (novembre 1911) ; explosion d'Halifax, détruisant une partie de ce port en décembre 1916.

48 Qu'est-ce que le sel anglais ?

C'était le remède traditionnel lors d'un évanouissement. On en faisait respirer à la personne prise d'une syncope. C'est, chimiquement parlant, du carbonate d'ammonium. Son autre utilisation majeure, ancienne elle aussi et passée de mode, fut comme levure chimique.

L'inhalation de ce sel, qualifié de volatil du fait de son dégagement d'ammoniac NH_3, ne peut pas être considérée comme dangereuse. En quoi est-elle stimulante ? Par son irritation des membranes nasale, bronchique et pulmonaire, qui induit un réflexe de respiration profonde. D'où le retour à un rythme normal de respiration.
Ce remède de bonne femme est connu depuis l'Antiquité (Pline l'évoquait déjà). Depuis le XVIIe siècle, ce « sel anglais » se préparait, entre autres, par la distillation de rognures des sabots et des cornes de cerfs.
Comme on sait, le « noble art » de la boxe fut une invention, anglaise elle aussi — une codification, tout au moins — de la fin du XIXe siècle, avec les 12 règles édictées en 1867 sous l'égide du Marquis de Queensberry. Il n'est donc guère surprenant qu'on ait fait, et qu'on fasse respirer des sels anglais à un boxeur mis KO afin de le remettre sur pied. Cet usage tend à passer de mode, à présent qu'il existe une médecine sportive à bases scientifiques, et non restreinte à une pharmacopée traditionnelle, parfaitement désuète.
Cependant, des sports « virils », dans lesquels les concussions cérébrales ne sont pas rares — le hockey sur glace, par exemple — continuent à user d'ammoniac comme excitant pour des joueurs choqués ; ce qui, d'un point de vue neurologique, est une dangereuse aberration.

49 Qu'est-ce que le sel de Vichy ?

Il s'agit, dans le langage des chimistes, du carbonate acide de sodium — mieux connu du public sous l'appellation de bicarbonate. L'eau minérale de Vichy en est riche, et on l'en isola il y a des lustres. Les dragées de bonbons à sucer, eux aussi dits de Vichy, en contiennent. Ce fut longtemps considéré, à tort ou à raison, comme un remède pour les maux d'estomac, les reflux acides spécifiquement.
L'acide chlorohydrique sécrété par l'estomac attaque le bicarbonate, avec libération de gaz carbonique CO_2. L'un des effets secondaires est la distension de l'estomac par ce contenu gazeux. Elle peut aller jusqu'à la rupture.
Le bicarbonate est contre-indiqué chez de nombreux patients souffrant de divers maux. À présent qu'on dispose de médicaments directement efficaces, par bloquage de la pompe à protons en particulier, cette ancienne thérapeutique devient archaïque et vouée à disparaître.

Mais le bicarbonate continue d'avoir une autre utilisation, en pâtisserie comme levure, fonctionnant aussi par libération de CO_2, sous l'effet d'une acidification ou d'une élévation de température.
Vichy, station thermale.
Vichy, réputée pour ces bonbons.
Le tissu Vichy, dont on fait de si jolis vêtements ?
Ou encore, Vichy comme « régime de Vichy », sous l'Occupation.

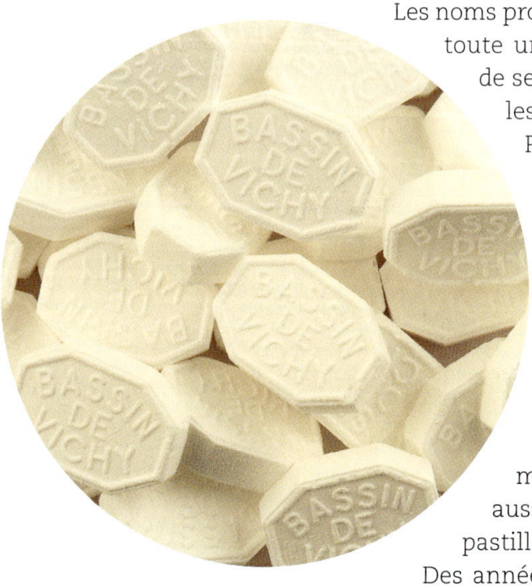

Les noms propres, eux aussi, sont riches de toute une polysémie, d'une pluralité de sens superposés, voire engrenés les uns dans les autres.

Pour moi, le goût d'une pastille Vichy est inséparable des voyages en train de mon enfance, petit luxe qu'on m'offrait au marchand de journaux de la gare. Je me souviens bien de la dureté en bouche de la dragée, difficile à croquer, mais que la salive apprivoisait. Le goût m'en était exquis. J'étais ravi aussi de la forme géométrique des pastilles, en hexagone allongé.

Des années plus tard, le chimiste puis l'historien de la chimie, que je suis devenu, reconnut dans ce profil celui des anciennes représentations, incorrectes, de la molécule de benzène. Elles sévirent dans les manuels d'enseignement et dans les publications, jusque dans les années 1950 — les typographes manquant du symbole idoine dans leurs casses. Je subodore aussi que la ressemblance au benzène, molécule emblématique de la chimie, n'est pas fortuite. Il s'agit là d'un hommage, datant de la seconde moitié du XIXe siècle, au chimiste Jean Pierre Joseph D'Arcet (1777-1844), qui fut le premier à isoler de l'eau de la source de Vichy ses constituants salins.

50 Comment le sel de Guérande fut-il sauvé il y a 20 ans ?

Les marais salants restaient la propriété d'une société familiale. Elle s'assimilait à une grosse ferme, avec quelques dizaines

de métayers, ou d'ouvriers agricoles, les paludiers. Ils entretenaient les installations, ils travaillaient à la production du sel. Il y eut de mauvaises saisons, d'ensoleillement médiocre. L'entreprise périclita : elle était menacée de faillite.
Certains des paludiers, confrontés à la probable disparition de leur outil de travail, à la perte de leur emploi et donc de leurs moyens d'existence, à la fin d'un métier pluri-séculaire souvent hérité de leurs parents et de leurs aïeux, ne s'y résignèrent pas. Ils décidèrent de reprendre l'entreprise à leur compte, et à leurs risques. Ils se constituèrent en coopérative, et mirent à leur tête l'ex-comptable de la société, Charles Perraud. Ce dernier dirigea la nouvelle entité, de façon avisée, avec détermination et imagination, jusqu'à sa prise de retraite en 2005.
Cet épisode, celui d'une autogestion récompensée et rétribuée d'une étincelante réussite — le cas est exceptionnel : qu'on se rappelle les montres Lip, qui ne purent éviter la déroute — s'explique par la rencontre d'un produit, d'un concept et d'un besoin.
Le produit : du sel de mer, décliné sous diverses formes (sel gris, fleur de sel, sel parfumé à diverses herbes...).
Le concept : un produit de terroir, production traditionnelle d'un pays de France ; le ressourcement dans un fonds perçu comme authentique, écologique qui plus est (soleil, vent et marées).
Le besoin : résister à la mondialisation, au *made in China*, aux grandes surfaces et aux produits trafiqués pour de mauvaises raisons.

51 Que fut la Marche du Sel ?

Cet événement historique date de 1930. Nous sommes en Inde, sous domination anglaise. Il était alors interdit aux Indiens de produire et de vendre leur propre sel, la Couronne britannique s'en arrogeait le monopole. Ils devaient acheter, bien plus cher, du sel fabriqué et importé de Grande-Bretagne. Des monopoles semblables s'appliquaient à bien d'autres denrées, telles que le thé et les textiles.
Gandhi, après avoir tenté d'amener le vice-roi et les dirigeants britanniques de son pays à la raison, décida de passer à l'action, mais sous forme non violente. En mars 1930, après avoir fait retraite à l'ashram de Sabarmati pour y prier, Gandhi partit à pied avec un petit groupe d'accompagnateurs, qui graduellement s'épaissit et devint foule, en direction de l'océan Indien.

Le Mahatma Mohandas Karamchand Gandhi (1869-1948) et Sarojini Maidu lors de la Marche du Sel près de la côte indienne pour protester contre l'impôt britannique sur le sel (12 mars-5 avril 1930).

Il l'atteignit 24 jours plus tard, dans la petite bourgade de Dandi. Gandhi préleva une poignée de sel sur le rivage. Ce fut le signal d'un mouvement national de désobéissance civile de la part des Indiens. Ce soulèvement en masse porte le nom, sanscrit, de Satyagraha du sel. La répression britannique de cette insubordination fut impuissante à juguler la rébellion indienne qui ne cessa, dès lors, de s'amplifier.
La Marche du Sel servit d'événement inaugural et fondateur à la lutte indienne pour l'indépendance, qui ne fut finalement acquise qu'au lendemain de la seconde guerre mondiale.

Sciences et environnement

52 Qu'est-ce qu'un sel ?

Un sel désigne une sous-classe des composés chimiques, somme toute peu nombreuse et de peu d'importance aux yeux des chimistes d'aujourd'hui. Ce sont des solides cristallins, dont la cohésion est due principalement à la force d'attraction entre des particules — dites anioniques — de charge électrique négative, et d'autres particules — dites cationiques — de charge électrique positive. Dans le cas du sel, il s'agit d'anions chlorures Cl^- et de cations sodium Na^+. Les sels se dissolvent dans l'eau avec dissociation de ces porteurs de charge : l'environnement aqueux diminue considérablement leur attraction mutuelle. En conséquence, les solutions salines conduisent le courant électrique. L'océan est une solution saline dans laquelle coexistent de nombreux sels, dont le chlorure de sodium est le plus abondant.

La nature d'un sel est, par contre, d'une extrême importance historiographique. Les réponses données à cette question aux XVIIe, XVIIIe, XIXe et XXe siècles, d'une part, diffèrent profondément de celle ci-dessus, d'autre part, balisent le trajet de la science chimique. Cette notion de sel avait déjà un rôle primordial pour les alchimistes, ceux de la mouvance paracelsienne en particulier.
Elle acquit son sens moderne au cours du XIXe siècle. L'invention de la pile électrique par Alessandro Volta en 1800 fut suivie de son application par Humphry Davy à l'isolement du sodium par électrolyse du sel fondu — et d'autres éléments par la suite. Michael Faraday fut à l'origine des termes « anion » et « cation », pour désigner les particules migrant vers les électrodes, anode et cathode, sous l'application d'un courant électrique. Fin XIXe siècle, la théorie des ions permit à Svante Arrhenius de rationaliser de façon systématique l'ensemble des propriétés, électriques en particulier, des solutions salines. On peut dire que la notion de sel connut alors son apogée, dans son acception scientifique.
L'enseignement est forcément en retard sur l'avancement de la science. Il persiste à mettre au premier rang cette notion de sel, bien qu'elle ait été détrônée par nombre d'autres, celle de « complexe » en particulier. Durant une grande partie du XXe siècle, fut ainsi enseignée une définition opératoire du sel, comme produit de l'union d'un acide et d'une base. Ce n'était là qu'un tardif reliquat de la chimie, non pas du XIXe mais encore du XVIIIe siècle. Toute mise à jour d'un enseignement se heurte à la force d'inertie de la tradition, dit autrement, au conservatisme des enseignants.

53 Qu'est-ce qui caractérise un sel ?

Leur structure ionique (les ions sont des particules porteuses d'une charge électrique) donne aux sels des caractéristiques d'ensemble. En règle générale, ce sont des composés chimiques aptes à se dissoudre dans l'eau ; et les solutions aqueuses résultantes conduisent le courant électrique.
Si la formule générale d'un sel est écrite $A^- C^+$ (A pour anion, C pour cation), les particules A^- migrent vers l'électrode positive, ou anode ; les particules C^+ migrent vers l'électrode négative, ou cathode. À l'anode, les A^- livrent un électron e^- et se déchargent : $A^- - e^- = A$. À la cathode, les C^+ reçoivent un électron et se déchargent: $C^+ + e^- = C$.

Appliqués à NaCl en solution aqueuse (saumure), ces processus forment les entités électriquement neutres, Na et Cl. Si on les maintient séparées, de façon à empêcher leur recombinaison, on obtient d'une part du chlore gazeux Cl_2 ($Cl + Cl = Cl_2$), d'autre part de la soude ou hydroxyde de sodium NaOH, conjointement avec de l'hydrogène ($Na + H_2O = NaOH + 1/2\ H_2$).

Si l'on fait passer un courant électrique dans du sel *fondu*, plutôt que dissous dans l'eau, les produits obtenus sont toujours le chlore Cl_2, mais accompagné cette fois-ci par du sodium métallique : c'est à peu près ainsi que Humphry Davy découvrit ce métal en 1807, par électrolyse de la soude NaOH.

Ce fut là une découverte majeure. Davy, dans la foulée, découvrit d'autres éléments, toujours au moyen de la pile électrique qu'Alessandro Volta avait inventée en 1800, et de procédures similaires : potassium (1807), baryum, strontium, magnésium, calcium et bore (1808). Bref, une contribution d'ensemble, magistrale et spectaculaire.

54 Pourquoi l'eau dissout-elle le sel ?

Ou, comme disent les enfants, pourquoi « fond-il » dans l'eau (qui peut en accueillir des quantités massives, quelques centaines de grammes par litre) ?

Il faut savoir, d'abord, que le sel est doté d'un édifice cristallin très stable, très costaud peut-on même dire. Chacun des ions sodium Na^+ y est maintenu par des liaisons fortes, d'attraction électrique, à ses six voisins chlorures Cl^-, et vice-versa. Pour rompre ces liaisons, il faudrait que la fixation des molécules d'eau H_2O, elles aussi au nombre d'environ six, tant sur les ions sodium que sur les ions chlorures, soit tout aussi forte, énergétiquement parlant. Ce qui n'est pas tout à fait le cas.

Ce qui entraîne la dissolution, la désagrégation du cristal et la séparation des ions sodium et chlorure par des couches de molécules d'eau, est surtout le fait que les entités Na^+ et Cl^- une fois dissoutes, forment des configurations microscopiques multiples. Elles s'avèrent bien plus désordonnées que ne l'était le cristal de NaCl, unique et désespérément bien ordonné, en une belle et monotone régularité géométrique. On qualifie ce facteur d'*entropique*. Les systèmes matériels, en général et en l'absence d'apports extérieurs d'énergie, évoluent spontanément vers leurs états d'entropie maximum — l'eau salée, dans ce cas, plutôt que juste du sel et de l'eau, séparément.

Par contre, si l'on fournit une énergie suffisant à faire évaporer l'eau — le soleil dans les marais salants ou le feu si l'on fait bouillir de la saumure dans des marmites, comme dans les salines de Lorraine ou d'Europe centrale —, on peut faire cristalliser le sel à nouveau. Il se retrouve ramené de la sorte à son état initial. À l'échelle géographique, les pluies lessivent le sel des terrains qui le contiennent, leurs eaux alimentent les rivières et les fleuves qui se déversent dans l'océan. Sauniers et paludiers bouclent ce cycle du sel en le récupérant dans l'eau de mer.

55 Pourquoi la sueur a-t-elle un goût salé ?

Elle l'a en partage avec l'urine et les larmes, car ces excrétions sont issues du sang, lui aussi salé. À en croire certains chercheurs, la teneur en sel du sang reflète (et donc préserve) celle de l'océan primitif — lorsque des poissons se dressèrent sur leurs nageoires et entreprirent de coloniser la terre ferme, engendrant les premiers animaux terrestres, dont nous descendons.

Le milieu intérieur est tout entier salé. Non seulement parce qu'il est baigné de sang, mais parce que l'intérieur des cellules consiste aussi en une solution aqueuse salée. Certaines cellules — c'est le cas des neurones —, jouent de la différence des concentrations en sel, de part et d'autre de leur membrane — au prix d'une dépense d'énergie métabolique — pour créer une différence de potentiel électrique. L'influx nerveux équivaut à un courant électrique, ainsi créé, se déplaçant tout du long d'un neurone.

Du fait de la déperdition quotidienne en sel, surtout excrété *via* les reins dans l'urine, l'organisme a besoin d'être ravitaillé en sel, à hauteur de 3 à 5 g par jour pour un adulte, ce qui fait beaucoup. Notre alimentation répond à cette exigence, au moins en principe. Chez les bien-portants, un excédent éventuel de sel est tout simplement éliminé dans l'urine. Une alimentation trop pauvre en sel(s), de sodium et de potassium surtout, se traduit entre autres par de douloureuses crampes musculaires comme avertissement. Les sportifs, ainsi que ceux ayant à faire face à de gros efforts physiques et transpirant beaucoup, renouvellent leur apport en sel(s) au moyen de boissons qui en sont riches, aux compositions proches de celle d'un sérum physiologique.

Une anecdote pour terminer. Je participais à un entretien-radio. Des auditeurs appelaient au téléphone, pour poser des questions, en plus de celles de l'animateur, ou pour apporter un témoignage. Une dame intervint. Elle nous fit partager un souvenir d'enfance, remontant à l'Occupation. Il lui fallait avaler sa soupe, en dépit de son manque de saveur. En effet, du fait des restrictions, même le sel avait disparu de la cuisine familiale. Ce manque l'attrista tellement qu'elle en pleura. Mais elle s'aperçut alors que ses larmes salaient sa soupe. Et désormais elle s'efforça de pleurer d'abondance pour remplacer l'assaisonnement manquant…

56 Existe-t-il une molécule NaCl ?

Assurément ! On peut la former et l'étudier en phase gazeuse, comme toute molécule diatomique : elle résulte simplement de l'union d'un atome de sodium Na et d'un atome de chlore Cl.
Cette molécule se caractérise, entre autres, par sa longueur de liaison (0,236 nm) et par son énergie de liaison (412,1 kJ/mole).
Nous sommes tellement habitués à considérer le chlorure de sodium comme un cristal ionique, avec des rangées où alternent indéfiniment ions sodium Na^+ et chlorures Cl^-, que cela nous empêche de penser à d'autres états de la matière que l'état solide. La forêt (le cristal) nous cache l'arbre (la molécule).
La cohésion de cette molécule diatomique est imputable de façon prédominante, comme celle du cristal, à l'attraction électrostatique entre le cation sodium Na^+ et l'anion chlorure Cl^-. Dès qu'on met en présence un atome de sodium et un atome de chlore, le second arrache au premier son électron périphérique ; d'où la formation des ions précités, qui s'assemblent en une molécule.
Ajoutons à cette description un zeste de contraste. En quoi NaCl diffère-t-il de H_2O ? Cette dernière, la molécule d'eau, existe elle aussi à l'état individuel, isolé, en phase gazeuse. À l'état liquide, elle montre une structuration, due à des forces secondaires, dites liaisons hydrogène, qui font s'agglomérer des molécules individuelles. À l'état solide, celui de la glace, l'eau forme des cristaux moléculaires — de divers types — dans lesquels on peut toujours discerner des molécules individuelles. Par contre, un cristal ionique de sel ne recèle (!) aucune molécule NaCl.

57 À quoi ressemble le solide NaCl ?

Le chlorure de sodium NaCl est l'assemblage, tridimensionnel, d'ions Na^+ et Cl^-. Ils sont disposés, en alternance, aux sommets d'un cube — que l'on qualifie de « maille élémentaire » de ce solide cristallin : car ce premier cube se prolonge par d'autres, indéfiniment et dans chacune des trois dimensions. Le sel cristallise donc dans un système cubique.

Dans certaines conditions, que l'on contrôle bien au laboratoire, on observe la formation de *trémies* de sel : ce sont des pyramides inversées, creuses, garnies sur leurs faces internes de petits cubes de NaCl. Ainsi, un groupe de chercheurs de l'Académie chinoise des sciences a obtenu en 2011 la sphérulite illustrée ici, en faisant croître des cristaux de chlorure de sodium à l'interface de microgouttelettes d'eau métastables et d'un mélange d'acétone et de cyclohexane. Chacune de ces microsphères, creuse, associe plusieurs douzaines de *trémies* microcristallines, dont la dimension unitaire est de l'ordre de la dizaine de microns.

Sphérulite composée de trémies de chlorure de sodium (le choix de la couleur est arbitraire)

Le mot « trémie », tout comme une partie du lexique des sauniers — les maîtres en production de sel, dans les marais salants — est révélateur. Il atteste d'une assimilation, historique et culturelle, du sel à une céréale (signe d'une civilisation agraire, donc). Le petit-fils de meunier que je suis se trouve ravi de l'étymologie de ce terme. « Trémie » vient de « trois muids » — le muid est une ancienne unité de mesure, héritée des Romains, environ $8{,}8 \cdot 10^{-3}$ m^3 — ce qui était la contenance d'un récipient creux de meunerie ayant la forme d'un godet oblong à section carrée.

Ainsi, la science la plus récente nous donne à voir aussi un concentré d'histoire : histoire économique et technique, géographie humaine, et même philologie.

58 Pourquoi la mer est-elle salée ?

Parce que la planète Terre ne date pas de la dernière pluie ! La Terre est vieille : elle a 4,5 milliards d'années. Durant tout ce temps, elle a subi des bouleversements et de l'usure. Une

poussée volcanique majeure, il y a environ 3,5 milliards d'années, avec éjection de toutes sortes de composés, entre autres soufrés, rendit les pluies très acides (hydrogène sulfuré, voire acides sulfureux et sulfuriques). Elles rongèrent les roches de l'écorce terrestre, entraînant une grande quantité de sels vers les océans. Leur teneur en sel a relativement peu changé par la suite.
C'est de plus le résultat du cycle de l'eau. Il pleut, l'eau ruisselle, plus ou moins chargée en sel(s). Les ruisseaux et les torrents aboutissent à des rivières ou à des fleuves qui, en fin de parcours, se déversent dans une mer ou un océan. Des nuages se forment au-dessus par évaporation et, comme cela équivaut à une distillation, la pluie qui en est issue, voire la neige ou la grêle, sont faites d'eau pure, distillée. En revanche, l'eau de mer en devient peu à peu plus salée, par concentration du sel apporté par les cours d'eau.
La réserve des océans en sel serait de 40 millions de milliards de tonnes. Leur teneur en sel est variable, du fait tant de l'hydrographie que du climat. L'Atlantique en compte 35 grammes par litre, la mer Caspienne trois fois moins et la mer Morte huit fois plus (voir la question suivante).

Prélèvement d'eau de mer pour en mesurer la salinité et la température

59 La salinité de l'océan augmente-t-elle ?

Assurément, tout comme l'âge de la Terre, dont elle est l'une des multiples mesures. Les océans sont des masses d'eau en équilibre dynamique, qu'on dénomme « cycle de l'eau ». L'évaporation, sous l'influence des vents et du soleil, crée des nuages qui retomberont en pluies sur les masses terrestres. Le lessivage par les orages et les pluies alimente ruisseaux, torrents, rivières et fleuves, qui en dernier lieu finiront dans une mer ou un océan.
Dans le premier cas, de l'eau pure est soustraite à l'océan. L'eau de pluie est une eau distillée, de même que celle de la rosée.
Dans le second cas, de l'eau salée est additionnée à l'océan. Elle a coulé sur les

terres et, ce faisant, dissous nombre de minéraux. Autrement dit, c'est une eau minéralisée ; alors que la première, du fait de l'évaporation, est déminéralisée.
Ainsi, immanquablement, les océans s'enrichissent graduellement en sels, dont le sel de mer ou chlorure de sodium. Cette salinité est variable : 2 % dans certaines parties de la Baltique, mais plus du double dans des régions orientales de la Méditerranée et de la mer Rouge.

60 D'où provient le sel souterrain ?

Il résulte d'un cycle géologique d'une immense lenteur. Au départ, de nombreuses roches contiennent du sodium Na et/ou du chlore Cl. Le lessivage par les eaux des pluies fait passer du chlorure de sodium dans les lacs et les mers, *via* successivement torrents, rivières et fleuves.
Les étendues d'eau vieillissent, se comblent et s'assèchent. Des changements climatiques, tels que la désertification, les y aident. Des exemples contemporains, connus de la plupart, sont le Grand Lac salé, la mer Morte et la mer d'Aral. À la fin du processus, il subsiste une énorme couche de sel, qu'on dénomme une *évaporite*.
Les choses n'en restent pas là. D'autres changements climatiques interviennent. D'autres sédiments, issus eux aussi de l'érosion de roches, viennent recouvrir l'évaporite et l'enterrer sous leur poids, dans des fosses plus ou moins profondes. Leur masse accumulée met le sel sous pression. Ce qui le rend plastique, un peu comme de la pâte dentifrice quand on en presse le tube.
Le sel remonte alors, au long des failles et fissures de l'écorce terrestre. Cela fait comme le pied d'un gigantesque champignon. Le chapeau dudit bolet s'épanouit et s'étale dès après que le sel a fini de traverser les roches dures qui faisaient couvercle et pesaient sur lui. C'est ce qu'on appelle un *dôme de sel*, avec un diamètre se chiffrant parfois en dizaines de kilomètres.
Les mines de sel, comme en Europe celles qui vont de la Lorraine à la Pologne, exploitent de tels dômes de sel. Les sources salines, comme celles de Lorraine justement, sont des sources d'eau minérale suffisamment proches d'un dôme de sel pour s'y charger en sel, et parvenir à l'air libre sous forme d'une saumure. Citons, seulement pour la Lorraine, Château Salins, Varangéville et la vallée de la Seille (avec Marsal, Moyen-Vic, Dieuze...).

Corridor de sel en Ukraine

Et ailleurs ? Midland, au Michigan, se trouve au-dessus d'un dôme de sel. Herbert H. Dow (1866-1930) commença son exploitation dans les années 1890 pour en extraire du brome ; puis pour la fabrication de sel d'Epsom, de chlorure de calcium, de colorants de la famille de l'indigo, d'aspirine et de toutes sortes de produits dérivés du chlore. Aujourd'hui encore, Dow Chemical reste un géant de l'industrie chimique, au second rang mondial derrière BASF.

61 Le sel pousse-t-il au soleil ?

Absolument, et cela dans les deux sens du verbe « pousser », littéral et métaphorique. Les marais salants sont une utilisation superbement efficace de l'énergie solaire. En effet, s'il fallait évaporer de l'eau de mer, ou une saumure par un combustible, chaque tonne de sel produite userait deux tonnes de pétrole. Cela donne la mesure de l'économie réalisée lorsqu'on met à profit l'ensoleillement pour récolter du sel.
En revanche, les aléas climatiques, au moins dans nos régions tempérées, rendent cette ressource incertaine et même aléatoire. Sur la façade atlantique de la France, les paludiers de

lieux comme Guérande, Batz-sur-Mer, Noirmoutier, l'Île de Ré, Olonne et l'Île d'Olonne, Oléron, Saint-Armel, Carnac, essuient d'occasionnelles mauvaises saisons — celles que les citadins qualifient d'« étés pourris ». La production de sel calque en cela les aléas des récoltes de céréales et autres « spéculations » d'agriculteurs.

Peut-on songer à redistribuer les cartes, les cartes géographiques, et localiser, en des contrées d'ensoleillement maximum et assuré, une production de sel, ensuite redirigée vers ses centres de consommation, industriels et alimentaires ? Cela mettrait en première ligne des emplacements tels que le Maghreb et le Sahara, l'Australie et le Sud-Ouest des États-Unis, pour me borner à des évidences. Dans les deux derniers cas, une trop faible densité de population en restreint le possible impact économique. Le poids élevé du sel grève le coût du transport hors de la zone de production et le bénéfice d'une

Usine thermosolaire Andasol située sur la commune d'Aldeire (province de Grenade, en Espagne). Cette centrale solaire est la plus puissante d'Europe. Elle a été mise en service fin 2008.

énergie solaire à coût quasi nul, une fois établie l'infrastructure des marais salants.
On peut même stocker l'énergie solaire au moyen de sel(s). Ainsi de la centrale d'Andasol (50 MW), en Andalousie : 500 000 mètres carrés de miroirs concentrent les rayons du soleil sur un tube où circule un liquide « caloporteur », qui évacue la chaleur et réchauffe aussi 28 ktonnes de sel fondu (du salpêtre), servant de réserve de chaleur. Le soir venu, l'échangeur travaille dans l'autre sens : le sel fondu restitue sa chaleur au liquide caloporteur. Voilà comment Andasol fournit de l'électricité solaire jusqu'à trois heures du matin, en été.

62 Pourquoi le quadrillage des marais salants ?

Les mathématiciens le qualifieraient de réseau euclidien à deux dimensions. Cela fait des miroirs d'eau reflétant le ciel et les nuages. C'est en fait une succession de cuves peu profondes et communicantes, balayées par un lent et léger courant d'eau de mer, actionné par la marée, mais contrôlé par les paludiers.
Chacun des œillets, comme on les nomme à Guérande, sert de bassin de cristallisation : on y recueille et on y sépare divers composés chimiques.
Outre le chlorure de sodium, le sel majoritaire, on y trouve d'autres chlorures : de potassium, de magnésium, de calcium... Des sels de fer ou de cuivre. Des nitrates, des phosphates. Des silicates et des aluminosilicates.
Chacune de ces espèces chimiques cristallise séparément des autres, du fait des conditions locales très légèrement différentes. Un marais salant est comme un gigantesque échiquier aux cases occupées par des pièces diverses, de plus ou moins grande valeur avec, comme pions, disposant de la supériorité numérique, le sel de mer (le chlorure de sodium). Techniquement parlant, il s'agit d'une cristallisation fractionnée.
C'est par cristallisation fractionnée à partir de chlorures, justement, que Pierre et Marie Curie découvrirent et purent isoler le radium en 1898, ce qui valut à Marie, qui entretemps avait déterminé sa masse atomique, de recevoir le prix Nobel de chimie en 1911 (elle avait déjà partagé avec Henri Becquerel et son mari celui de physique en 1905 pour la découverte de la radioactivité).

63 L'eau douce est-elle le contraire d'une eau dure ?

Les deux épithètes « douce » et « dure » appartiennent à des registres différents. Par « eau douce », on entend le plus souvent une eau de rivière. Elle s'oppose donc à l'eau salée, celle des mers et océans. Par « eau dure », on entend une eau chargée en carbonate de calcium, du fait des roches calcaires d'où elle provient. L'eau est qualifiée de « dure » lorsqu'elle empêche savons et détergents de mousser convenablement.

À l'échelle microscopique, les ions calcium, de charge électrique positive, d'une eau dure se fixent sur les extrémités anioniques, autrement dit de charge électrique négative, des molécules de détergents (des acides gras, dans le cas d'un savon). Cette attache d'ions calcium, non seulement neutralise électriquement les molécules des détergents, mais anéantit leur pouvoir détersif. En effet, elle empêche leur auto-assemblage en des micelles, agrégats pouvant incorporer les saletés, toujours à l'échelle microscopique, et donc responsables de l'action nettoyante.

Les producteurs de lessives se prémunissent à l'encontre d'eaux dures. Ils incorporent à leurs produits des ingrédients de séquestration des ions calcium. Ce qui équivaut à alimenter en une eau adoucie, mais non douce, la machine à laver le linge.

Une eau douce n'est donc pas le contraire d'une eau dure, il s'agit d'un de ces nombreux cas où la langue, si on n'y prenait garde, nous induirait aisément en erreur.

64 Pourquoi le sel est-il blanc ?

Première réponse : la question n'a aucun sens. Un échantillon de sel gemme a en effet la transparence du verre. Nulle blancheur, pourtant c'est très authentiquement du sel.

D'où vient donc la blancheur, si familière pourtant, du sel de nos salières ? C'est ici qu'intervient la seconde réponse. Le sel n'est blanc que parce qu'il est impur.

Les grains de sel, tel qu'il est produit dans les marais salants, incorporent de l'humidité. Même à l'état de traces, les molécules d'eau contaminant les cristaux de sel diffusent la lumière, d'où cette blancheur, apparemment si caractéristique.

Le même phénomène rend blancs les nuages dans le ciel. Les photons de la lumière solaire rebondissent sur les molécules

Remarquez la blancheur des montagnes de sel des salins du Midi (dans le Gard, près d'Aigues Mortes)

d'eau, en suspension dans les nuages, et sont dispersés dans toutes les directions. C'est ce qui fait que les nuages nous apparaissent blancs.

Pour revenir au sel, on se convainc aisément que sa blancheur n'est ni intrinsèque, ni caractéristique. Outre la comparaison avec le sel gemme, d'une plus grande pureté que le sel de mer, ayant atteint un bien plus grand état de dessication, on peut, au départ d'un échantillon de sel marin, le redissoudre dans l'eau puis faire croître, lentement et de façon contrôlée, un monocristal de sel pur : il est totalement transparent.

Ou bien, et c'est là une expérience négative ne prouvant donc pas grand chose, nul n'est jamais parvenu à transférer la blancheur du sel sur une étoffe de couleur : le sel ne possède aucun colorant blanc qu'on pourrait utiliser pour teindre en blanc.

La blancheur du sel est donc un artefact, comme disent les scientifiques. C'est une qualité qui ne lui est pas propre. Il la tient de cette impureté, l'eau, contre laquelle physiciens et chimistes ont si souvent à se prémunir. Cela nous fait apprécier la distance qu'il y a, le plus souvent, entre la connaissance commune et un savoir scientifique. Ce dernier s'édifie, en règle générale, non pas dans le prolongement et l'approfondissement de ce que nous croyons, bien à tort, savoir, mais dans sa contradiction raisonnée.

65 Qu'est-ce qu'un pont salin ?

Cette expression désigne un élément de la structure des protéines. Celles-ci sont faites d'un enchaînement d'acides aminés. Certains acides aminés ont des chaînes latérales porteuses de charges électriques, positives ou négatives. Par exemple, l'asparagine a un tel groupement positivement chargé, alors que l'acide glutamique est porteur d'une charge négative.

Lorsque deux acides aminés ainsi porteurs de charges électriques complémentaires, positive et négative, se retrouvent à proximité l'un de l'autre dans l'espace, ils peuvent entrer en contact et, de la sorte, stabiliser la structure protéique par une liaison supplémentaire, d'attraction électrostatique des charges de signes opposés.

Un exemple de pont salin, par attraction de charges électriques de signes opposés, entre deux acides aminés

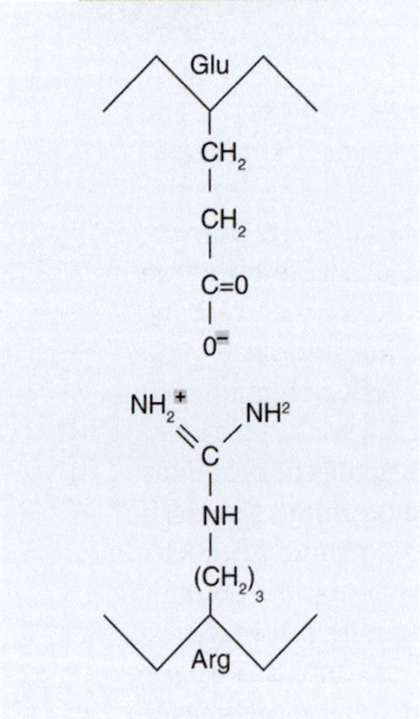

C'est ce qu'on dénomme un pont salin, par analogie avec les interactions des cations sodium Na^+ et des anions chlorures Cl^- dans un cristal de sel. Ces ponts salins sont autant de clavettes pour agrafer une molécule d'une protéine, l'aidant ainsi à maintenir sa conformation — autrement dit, la disposition de ses atomes dans l'espace à trois dimensions — qui est essentielle à son activité biologique.

En veut-on un exemple ? Je l'emprunte à la myosine, une protéine musculaire, qui joue un premier rôle dans la contraction musculaire. L'énergie (chimique) dépensée dans cette dernière provient de la coupure d'une molécule — l'ATP, cela soit dit pour les connaisseurs — par addition d'eau, avec formation de deux fragments — l'ADP et du phosphore inorganique (ATP et ADP restant liés à la myosine durant cette hydrolyse).

Dans la myosine, un pont salin réunit les deux acides aminés en positions 247 (une arginine) et 470 (un acide glutamique). L'hydrolyse de l'ATP, c'est-à-dire la fourniture d'énergie, autant dire la possibilité même de la contraction musculaire, exige l'intégrité dudit pont salin.
On le constate, l'attraction électrostatique $Na^+ Cl^-$ dans le sel connut, par analogie, une vaste généralisation y compris aux ponts salins. Ces derniers ont des rôles biologiques, de signalisation en particulier, aussi divers que fondamentaux.

66 Comment régénérer une protéine ?

J'ai le plus vif souvenir de cet émerveillement d'enfance. J'avais six ans tout au plus.
Carton devient, ou redevient, poisson. Ce spectacle d'un miracle ne m'a jamais quitté. Ce fut aussi une racine de ma vocation scientifique.
Carton ? C'est à cela que ressemble la morue salée, comme on la trouve encore dans des épiceries du Sud-Ouest et, surtout, pour nous limiter à l'Europe occidentale, au Portugal. Depuis le XVIe siècle, les pêcheurs portugais partent la récolter au large de Terre-Neuve, là où la morue abonde du fait d'une confluence de courants. Le métier est dangereux : il nous a gratifiés de ce chant désespéré des femmes de pêcheurs soucieuses de leur survie et de leur retour au foyer, le *fado*.
Les poissons en filets sont mis à sécher sur des plages de cette très grande île, Terre-Neuve, puis sont abondamment salés pour être rapportés en Europe. Avant d'être apprêtée en cuisine — les Portugais ont des centaines de recettes pour accommoder ce poisson —, la morue est dessalée.
C'est ce spectacle que je vis, médusé, s'accomplir durant mon enfance. On mettait le reliquat racorni d'arrière-boutique à tremper toute la nuit dans la baignoire familiale remplie d'eau froide. Au matin, on récupérait — apparent miracle — du poisson frais. Le processus est qualifié, par les biochimistes, de « dénaturation-renaturation » d'une protéine.
Lorsqu'on sale leur environnement, les molécules de protéines répondent à cette perturbation en se pelotonnant, au petit bonheur la chance. Elles sont contraintes d'abandonner leur conformation d'origine — dénommée « native » — qui donnait sa texture à la chair du poisson. Mais cette altération est réversible. Dès qu'on restitue à la protéine un environnement aqueux, débarrassée de tout ce sel, ses molécules retrouvent

spontanément leur conformation native. On est revenu à la case départ ; ce qui n'est pas si fréquent !
Comment les molécules s'y prennent-elles ? C'est là l'un des grands problèmes scientifiques non encore bien élucidé.

67 Comment dessaler l'eau de mer ?

En ce XXIe siècle, l'eau se raréfie. Mécaniquement, par l'expansion démographique. Mais aussi du fait de l'aveuglement et du nombrilisme humains : nappes phréatiques contaminées ; rivières servant de tout à l'égout ; déforestation causant l'érosion des sols, qui dès lors ne retiennent plus l'eau de pluie ; droit du plus fort, détournant un cours d'eau douce pour irriguer sans partage ses plantations ; urbanisation galopante…
« Je meurs de soif auprès de la fontaine », écrivit jadis un poète : nous sommes, hélas, incapables de boire l'eau de mer, comme tortues et cormorans le font aisément.
Néanmoins, nous ne serions pas humains — des *anatures*, selon la si juste expression d'Alain Prochiantz — si nous ne cherchions à relever ce défi : rendre potable l'eau de mer. Il faut donc en ôter, certes pas complètement, une bonne partie des sels dissous, le chlorure de

Usine de dessalement d'eau de mer en Espagne

sodium, en premier lieu. Ce qui est du ressort de la technologie et constitue donc un problème soluble, si l'on me permet ce jeu de mots.

À l'heure actuelle, la principale technique usitée est la distillation de l'eau de mer, sous vide partiel. La source d'énergie habituellement utilisée provient d'une centrale thermique ou nucléaire. Le coût énergétique est environ 3 kWh/m^3 d'eau « douce » produite, pour un coût à la production d'environ 0,5 \$US/m^3.

La production répond à des besoins précis. Ainsi, un porte-avions américain dessalera 1,5 ML (millions de litres) d'eau par jour, soit 1 500 m^3 alors que l'unité de Jebel Ali, aux Émirats arabes unis, la plus grande au monde, a une capacité de 300 millions de m^3 par an.

D'autres procédés, moins gourmands en énergie, sont à l'étude. Quels qu'ils soient, ils devront s'astreindre au respect écologique, aux deux stades de la prise d'eau littorale — ne pas perturber les écosystèmes locaux — et du rejet après dessalement d'une saumure de salinité élevée, susceptible davantage encore de détruire de multiples organismes marins.

68 Comment remonter à la source, quand on est saumon ?

Le nom du saumon, qui vient du latin *salmo*, paraît déjà tout empreint de sel — mais il dérive en fait d'un mot gaulois ! Si ces poissons naissent en rivière, ils migrent ensuite au travers des océans, sur des milliers de kilomètres parfois, encourant des régimes de salinité contrastés auxquels ils font face grâce à des mues de leur organisme tout entier : l'alevin, puis le tacon, qui ressemble à une truite mais a une queue fourchue, le saumoneau ou parfois le madeleineau qui revient frayer dans sa rivière d'origine après seulement un an en mer, le saumon adulte enfin.

Mais comment donc les saumons s'y prennent-ils pour retrouver leur rivière d'origine, parfois même la branche dans laquelle ils sont nés et où ils reviennent pour frayer ? L'exploit est indiscutable, on l'a prouvé pour plusieurs espèces du genre *Oncorynchus*.

Il n'est pas de réponse définitive à la question. Deux mécanismes d'orientation sont, semble-t-il, mis à contribution. En haute mer, à grande distance de la rivière d'origine, dont les émanations sont diluées au-delà de toute perception, les

Saumon franchissant un obstacle pour remonter un cours d'eau

saumons — chez lesquels on a trouvé des cristaux de magnétite pouvant servir de détecteurs — se guideraient sur le champ magnétique terrestre. À proximité des côtes, là où leur cours d'eau originel rejoint l'océan, un autre GPS (pour ainsi dire) prendrait le relais, leurs récepteurs olfactifs, détectant la signature odorante de leur lieu d'enfance. On a pu montrer que, durant une phase de leur croissance, hypersensible à l'imprégnation olfactive, des concentrations infimes de divers composés chimiques y sensibilisent durablement ces poissons.

C'est attirer notre attention sur l'exceptionnelle sensibilité de l'odorat, qui n'est pas le seul apanage des poissons : pensez aux chiens. C'est aussi nous émerveiller de cette mémoire olfactive, chère à des écrivains comme Colette ou Marcel Proust.

Nous extasier sur cette migration des saumons, pour retrouver leurs eaux baptismales, ces poissons capables aussi d'évoluer dans des milieux de salinités très dissemblables, à différents stades de leur existence, c'est enfin nous poser la question du retour à la case « départ » et de notre propre nostalgie des origines.

69 Comment distinguer les enfants du Bon Dieu des canards sauvages ?

Rien n'est plus simple : seuls ces derniers ont une glande à sel. C'est une glande nasale, située au-dessus des yeux et à la base du bec. Tous les oiseaux l'ont, mais elle reste inactive chez les oiseaux terrestres. Les oiseaux marins, par contre, ne peuvent s'en passer, puisqu'ils boivent de l'eau de mer. Or, cette dernière est trois fois plus riche en sel que leurs liquides corporels. La glande à sel a comme rôle d'éliminer cet excédent en sel.

Cela explique comment albatros, cormorans et autres frégates qui survolent les océans, parfois des mois durant, sans accès à de l'eau douce, s'adaptent néanmoins à cette contrainte. La présence de la glande à sel permet à ces oiseaux de mer d'expulser *via* leurs narines, de façon discontinue, un liquide limpide et incolore. C'est une solution aqueuse de chlorures, de sodium (à taux variable), ainsi que de calcium et de potassium (à taux fixe). Un ingénieur pourrait qualifier cette glande d'unité de dessalement de l'eau de mer. Il pourrait s'en inspirer, par conséquent, pour concevoir et construire des usines de traitement d'eau de mer afin de la rendre potable.

Biophysiciens et physiologistes usent de la glande à sel comme matériel expérimental, c'est un des transporteurs d'ions les plus efficaces du règne animal.

La question reste posée aux théologiens : les anges, êtres ailés qui survolent l'océan dans leurs allers-retours ciel-terre, ont-ils ou n'ont-ils pas de glande à sel ?!

Puisqu'il est permis de rêver, le XXIe siècle verra-t-il des humains dotés, eux aussi, de glandes à sel, à la suite de manipulations génétiques ?

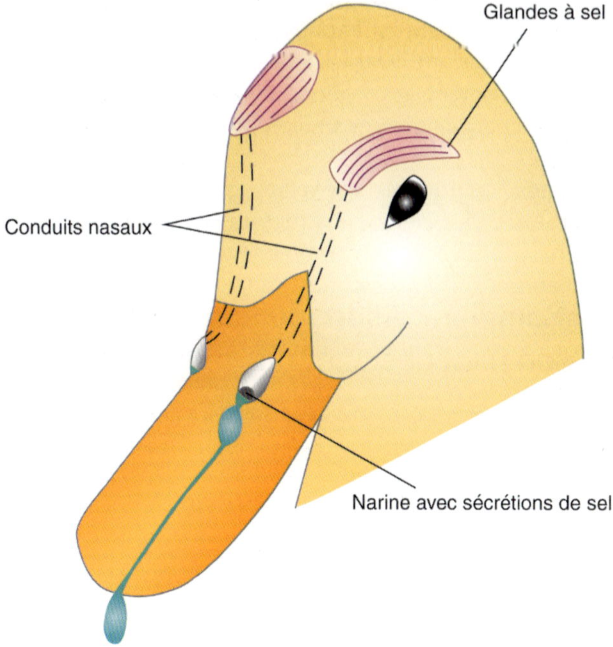

70 Qu'est-ce qu'un organisme halophile ?

Un organisme halophile est un organisme apte à survivre dans un milieu de salinité élevée. Il s'agit d'archéobactéries, c'est-à-dire de bactéries primitives, qui remontent aux débuts de la vie sur Terre. Leur élan vital, suivant la belle expression de Bergson, est tel qu'il leur permet de s'adapter à des saumures titrant jusqu'à 300 grammes de sodium au litre. Ainsi, le lac africain Nakuru contient 8 % de sodium en masse et son pH, au lieu d'être neutre (à 7), monte à 10 ! Le mot « halophile », avec ses deux racines grecques, signifie « friand de sel ».

Les deux problèmes majeurs à résoudre, pour ces bactéries, sont l'énorme pression osmotique qui s'exerce de l'extérieur sur leurs parois ; et la menace, fortement aggravée par la concentration élevée du chlorure de sodium, d'inactivation de leurs protéines intracellulaires. Cette panne d'origine chimique est imputable à la disparition des protéines du cytoplasme : tout ce chlorure de sodium envahissant les fait changer de forme, et même précipiter hors de cette solution aqueuse.

Une réponse à la première contrainte est celle de *Dunaniella salina*, capable de vivre dans des solutions saturées en chlorure de sodium : ce micro-organisme se fabrique de la glycérine pour contrebalancer la pression osmotique externe. Elle complète sa riposte en expulsant du sodium et en faisant entrer du potassium. Quant à la seconde contrainte, ces archéobactéries se dotent de protéines intracellulaires spécialement renforcées pour demeurer stables, face à des conditions aussi drastiques.

On ne peut qu'admirer une telle ingénieuse adaptabilité du vivant. À partir d'éléments structuraux de base, tels que les protéines, ou encore des membranes cellulaires sélectivement perméables à des ions comme le sodium et le potassium, ces organismes se sont ménagé les niches écologiques les plus improbables, les plus surprenantes aussi.

Comme quoi, des cas extrêmes sont pleins d'enseignements pour les chercheurs, incités de la sorte à ne jamais brider leur imagination.

71 Qu'est-ce que la salicorne ?

Sans aucun doute, une rime riche pour « licorne », cet être mythique et allégorique. On la trouverait donc dans un dictionnaire de rimes. Mais encore ?

Un plant de salicorne

C'est, en fait, une plante ; à chercher plutôt dans une flore, comme celle de Gaston Bonnier et de ses successeurs.
C'est une plante halophile, ce qui ne signifie pas qu'elle s'illumine la nuit et s'entoure d'un halo, comme la lune en un ciel brumeux. « Halophile » exprime une préférence : ce végétal recherche et prospère dans des sols salés en bordure d'étangs, de mares ou de marais à haute teneur en sel.
Robuste, courte sur pattes, ce n'est pas une plante impressionnante par la taille ou le port. Ce n'est pas un arbre, ni même un arbuste ; quelques dizaines de centimètres seulement. On l'appellerait une herbe, qu'on ne serait pas loin du compte.
Mais elle n'a pas d'une espèce herbacée les feuilles étroites, longues et plates. Au contraire, elles sont charnues et coriaces.
Les botanistes et leurs cousins, les écologistes — au sens véritable et fort, ceux qui connaissent les écosystèmes pour les avoir étudiés —, ont scruté la salicorne dans le détail morphologique et anatomique, cytologique même, de ses racines comme de ses parties aériennes, pour mieux comprendre son adaptation à des milieux *a priori* ingrats à toute végétation.
Notons enfin une particularité, attrayante pour les gourmets : accommodée dans du vinaigre, la salicorne rivalise très bien avec le cornichon. Où la déguster ? En Lorraine, dans le Saulnois (voir la question 32), par exemple à Marsal dont, de date immémoriale, c'est l'une des spécialités locales.
Comme quoi, je vous le disais bien, on retrouve sinon la licorne, tout au moins Saint Nicolas, qui n'est pas moins légendaire...

72 Pourquoi la spectroscopie dans l'infrarouge usa-t-elle de prismes en sel ?

Les matériaux diffèrent par leurs propriétés optiques, au sens large, d'absorption ou de transmission d'une radiation. Ainsi, le bois, opaque à la lumière, est transparent aux rayons X. Ces derniers, par contre, ne traversent pas le plomb.

La lumière qui nous parvient du soleil a une partie visible, de 400 à 700 nanomètres, complétée par des radiations dans l'infrarouge, aux longueurs d'onde supérieures à 700 nm, et dans l'ultraviolet, à des longueurs d'onde inférieures à 400 nm. Newton montra qu'il suffit d'un prisme en verre pour faire apparaître séparément les diverses composantes, ou *spectre*, de la lumière visible. L'astronome William Herschel découvrit plus tard, en 1800, la partie infrarouge du spectre.

Le verre n'est pas transparent dans l'infrarouge. Ce qu'on met à profit dans les serres. Leurs parois de verre piègent le rayonnement infrarouge. Dotées de ce radiateur interne, puisque les infrarouges reçus ne repartent pas ensuite, les serres maintiennent des températures douces, même dans un air extérieur très froid.

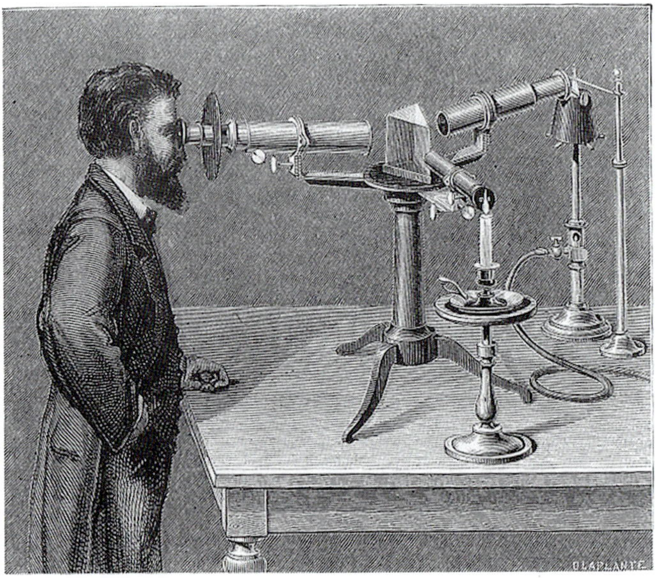

Gravure d'époque montrant un valeureux chercheur se servant d'un spectroscope inventé par Bunsen et Kirchhoff vers 1865.

Pour étaler les radiations dans l'infrarouge selon leurs longueurs d'onde, un prisme en verre ne convient pas, car opaque à l'infrarouge. C'est le cas en spectroscopie (ou spectrométrie). Un spectromètre est un instrument permettant de déceler la réponse d'un échantillon de matière à son irradiation par un rayonnement. La spectrométrie dans l'infrarouge s'appuie sur l'absorption par les molécules de diverses longueurs d'onde dans l'infrarouge, cette absorption se traduisant par des vibrations au sein de ces molécules, c'est-à-dire par de petits mouvements des atomes les uns par rapport aux autres. Les longueurs d'onde absorbées sont caractéristiques des différents types de liaisons chimiques, tels que C-O ou C-N (C = carbone, O = oxygène, N = azote). Par exemple, CO_2 a une forte absorption dans l'infrarouge, du fait des vibrations des deux liaisons C-O. Cette spectrométrie sert à établir l'architecture moléculaire, l'agencement des différents atomes au sein d'une molécule. La première moitié du xxe siècle vit l'apogée de ce moyen d'investigation, pour identifier composés chimiques et matériaux. Mais comment donc émettre des longueurs d'onde dans l'infrarouge, devant l'inaptitude d'un prisme en verre comme disperseur ? La solution est un prisme en sel gemme, un matériau transparent aussi dans l'infrarouge, entre 0,25 et 15 µm (micromètres). Bien entendu, l'hygroscopie du matériau impose de placer ce prisme à l'abri de l'humidité.

Les premiers spectromètres infrarouges commerciaux furent construits par la firme Perkin-Elmer, au lendemain de la seconde guerre mondiale : le gouvernement américain passa une très importante commande, motivée par la nécessité de caractériser différents types de caoutchoucs, naturels et synthétiques.

73 Comment une serre fonctionne-t-elle ?

Cette question est un préalable à d'autres portant sur le sel. Intéressons-nous donc à des serres aux parois de verre, construites suivant une manière de faire traditionnelle, qui perdura quelques siècles, avant que différents matériaux polymériques (« plastiques » dans la langue courante) ne viennent remplacer le verre.

Leurs parois de verre laissent entrer la lumière solaire. Cependant, la partie infrarouge de ce rayonnement est empêchée de ressortir. C'est ce qui chauffe l'intérieur d'une serre. Ces assertions sont vraies. Cependant, elles choquent. N'y a-t-il pas une contradiction, un paradoxe tout au moins, à ce que le verre laisse passer les infrarouges à l'entrée mais pas à la sortie ? Cette dernière assertion, de toute évidence, est fausse.

Lecteurs, vous êtes perspicaces ! Je vous dois donc une explication. La lumière du soleil contient des radiations, échelonnées suivant leurs longueurs d'onde, non seulement entre 400 et 700 nm (lumière visible) mais aussi en dessous de 400 nm (ultraviolet) et au-dessus de 700 nm (infrarouge). La plupart de ces longueurs d'onde entrent dans la serre. Comme le verre, faut-il le répéter, est opaque dans l'infrarouge, ces dernières sont exclues. Les radiations entrantes sont absorbées par les objets présents dans la serre, ce qui augmente leur température. À cette température, ces objets ré-émettent des radiations et celles-ci se situent principalement dans l'infrarouge. Comme le verre lui est opaque, elles sont piégées à l'intérieur de la serre.

Comment se fait-il, dès lors, que l'échauffement de l'intérieur de la serre ne diffuse pas vers l'extérieur ? Le phénomène certes est présent, mais peu, car le verre ne conduit pas bien la chaleur ; c'est un isolant.

On le constate : l'explication est moins simple que ne l'était la question initiale. Cette question de science fait intervenir plusieurs facteurs, associés comme le sont les dents d'un engrenage. Le débat se compliquerait bien davantage encore si l'on cherchait à répondre à l'incessant « pourquoi ? » des questions des enfants.

74 D'où provient la belle lumière jaune lorsqu'on saupoudre une flamme de sel ?

Nos ancêtres de la Préhistoire possédaient déjà, sans nul doute, ce savoir empirique : nourrir d'un ingrédient quelconque riche en sel, à commencer par les reliefs du repas (os de rennes, par exemple), les cendres du foyer, l'âtre ou une torche produit une belle flamme éclairante. Cela aura pu les aider à réaliser les gravures rupestres et les peintures pariétales qui font notre émerveillement.

Le phénomène lumineux provient des seuls atomes de sodium du sel. Lorsqu'on les porte à haute température, ils emmagasinent de l'énergie. Mais ils ont tendance à la restituer,

spontanément et instantanément, sous la forme d'une émission de lumière, à deux longueurs d'onde voisines, l'une et l'autre d'un intense jaune vivace.
Ces deux derniers siècles eurent lieu maintes applications d'une telle source lumineuse, presque monochromatique, tant au laboratoire (polarimétrie, par exemple) que dans la vie courante (éclairage des rues et d'autoroutes par des lampes à vapeur de sodium).

75 Pourquoi mettre du sel dans un seau à champagne ?

Un mélange d'eau et de glace est à la température de 0 °C. Ce que l'on sait moins est qu'un mélange d'eau salée et de glace peut atteindre des températures descendant jusque vers – 20 °C. On le qualifie pour cette raison de mélange réfrigérant.
Cette propriété est précieuse pour qui veut servir du champagne et se trouve à court de temps pour refroidir la bouteille. Encore faut-il commencer par faire dissoudre le sel — ne lésinez pas, deux bonnes poignées de gros sel dans trois-quarts de litre d'eau (idéalement 25 % de sel en masse) — avant d'introduire les glaçons. En effet, la dissolution du sel dans l'eau, rapide à température ambiante, serait fortement ralentie si l'eau était déjà refroidie par la présence des glaçons. Pour la même raison (accélération du processus), commencez par piler la glace avec un maillet ou en roulant une bouteille sur un torchon la contenant.
Le même phénomène explique la salaison des routes enneigées : en présence de sel, la neige se liquéfie, même à des températures très inférieures à 0 °C. Ainsi, les routes au lieu d'être glissantes (verglas) sont simplement mouillées (eau salée).
Pour avoir expliqué mainte fois ces propriétés, avec une réussite invariablement nulle, je me suis rendu compte de combien cela heurte le sens commun qui est incapable d'accepter, non pas la réalité du fait, mais sa logique, pourtant stricte. On associe indissolublement abaissement de température et formation de glace. Le fait qu'un plus grand froid puisse être propice à de l'eau sous l'état liquide plutôt que solide choque les logiques non scientifiques.
Le sens commun serait-il donc un obstacle à la connaissance scientifique ?

76 Le sel ignigène est-il coûteux en énergie ?

Il faut compter une tonne et demie de bois par tonne de sel, lorsqu'on évapore une saumure par ébullition, dans des poêles ou des marmites en terre cuite. En bien des lieux, cette technologie fut cause de déforestation et de désastres écologiques.
En Allemagne du Nord, la lande de Lünebourg fut créée de main d'homme. La déforestation de cette région, pour alimenter les fours des salins de Lünebourg, engendra sa dévastation.
Au Danemark, dans l'île de Laesø, du sel était déjà produit au XVe siècle. Les chanoines de la cathédrale de Vilborg, à une bonne distance de là, ne se privèrent pas de s'adjuger cette ressource. Ils la grevèrent, de plus, d'une taxe sur le sel en 1597. La production de sel sur cette île ne put être prolongée au-delà de 1652, car il ne restait plus alors sur l'île un seul arbre à brûler comme combustible.
Tout cela n'évoque-t-il pas des temps plus actuels ? La destruction de la forêt amazonienne par des brûlis afin de créer des cultures ; ou, pour nous référer à des productions végétales bien plus anciennes et fossilisées, le pic pétrolier et la pénurie annoncée en hydrocarbures que nous faisons stupidement et égoïstement brûler, au lieu d'en laisser aux générations futures pour les besoins de leur pétrochimie.
J'appelle de mes vœux la règle suivante : quelle que soit la ressource envisagée, nous imposer le strict respect d'une réserve suffisante aux besoins escomptés de l'humanité pour *au moins un millénaire*.

77 Y a-t-il du sodium ailleurs dans le cosmos ?

Abondamment. J'en veux pour exemple l'une des exoplanètes, corps céleste situé en dehors du système solaire. HD 209458b désigne une planète, de la taille de Saturne, en orbite autour de l'étoile HD 209458 dans la constellation du Pégase. Elle se trouve à 150 années-lumière d'ici.
Nous avons une masse d'informations sur cette exoplanète qui transite entre nous et son étoile à chacune de ses orbites. Cette circonstance permet l'observation spectroscopique de son atmosphère, qui comporte de l'hydrogène et du sodium. L'hydrogène s'en échappe en un panache gigantesque : cette

exoplanète est une géante gazeuse surchauffée qui s'évapore à la manière d'une comète.
En 2010, les astronomes de l'European Space Observatory (ESO) ont pu observer, à l'aide du mégatélescope VLT — groupe de quatre télescopes principaux et quatre auxiliaires à l'Observatoire du Cerro Paranal situé dans le désert d'Atacama, dans le nord du Chili, à 2 635 m d'altitude —, une super-tempête dans l'atmosphère de cette exoplanète avec des vents violents aux vitesses estimées entre 5 000 et 10 000 km/h. Les considérables différences de températures entre le côté jour et le côté nuit, associées à une concentration élevée en monoxyde de carbone, produisent de telles tempêtes.
La spectroscopie du sodium, quant à elle, nous renseigne sur la température dans cette atmosphère si lointaine. En effet, le profil des raies D du sodium — celles responsables de la belle lumière jaune dont il est traité ailleurs dans ce chapitre — fournit de telles informations. De la sorte, on peut dresser la courbe des températures dans l'atmosphère de cette exoplanète, depuis le sol jusqu'à sa stratosphère.

78 Y a-t-il du sel sur Mars ?

En effet. Il pourrait s'agir d'évaporites, c'est-à-dire des reliquats d'anciens lacs salés.
Est-ce surprenant ? Absolument pas, dans la mesure où les planètes du système solaire ont des compositions chimiques voisines, puisqu'elles proviennent toutes de la même nébuleuse primitive. Le contraire — ne pas trouver de chlorure de sodium sur Mars — eut été surprenant.
Comment le sait-on et depuis quand ? Cette découverte a eu lieu en 2008 et fut le fait de la sonde spatiale Odyssey de la NASA américaine, équipée de la caméra dénommée Thémis. Cet instrument a repéré, dans l'hémisphère Sud de la planète rouge — l'hémisphère Nord est couvert de coulées de laves —, plusieurs centaines d'aires salées. Leur surface va du kilomètre carré à 25 km^2.
En quoi cette découverte est-elle importante ? Elle révèle une ancienne présence

Le 26 juin 2001, Mars est tout proche de la Terre, à seulement 68 millions de kilomètres. On peut alors distinguer à sa surface des détails de l'ordre de 16 km d'eau à la surface de Mars. Comme la vie, telle que nous la connaissons, exige un environnement aqueux, les astronomes, nos antennes vis-à-vis du reste du cosmos, se font sourciers. Ils recherchent l'eau partout où elle se trouve (ou aurait pu se trouver).

79 Le sel est-il une matière première industrielle ?

Il est, dans nombre de procédés, d'une considérable importance économique. Je n'évoquerai ici que l'un d'eux. Le PVC est un matériau de construction incontournable, ce depuis des lustres. Ses utilisations vont de tuyaux de canalisations aux toitures, en passant par des carreaux et des revêtements d'aménagements intérieurs, pour cuisines ou pièces d'eau.

Il s'agit d'un polymère thermoplastique et moulable. Il s'élabore par polymérisation du chlorure de vinyle monomère. Si l'on assimile ce dernier à une perle, le polymère est un collier de perles — avec un très grand nombre de perles.

Le chlorure de vinyle s'obtient en combinant du chlore, produit par l'électrolyse du chlorure de sodium fondu, à l'éthylène qui est le principal produit de la pétrochimie, c'est-à-dire des raffineries de pétrole brut dont les unités de craquage ont pour rôle de casser les molécules d'hydrocarbures en des entités plus petites, dont l'éthylène à deux atomes de carbone est la principale. L'éthylène a pour formule C_2H_4. Le chlorure de vinyle, quant à lui, a comme formule C_2H_3Cl : il suffit donc qu'un atome de chlore Cl aille se substituer à un atome d'hydrogène H dans la molécule d'éthylène, ce qui se fait lorsqu'on additionne le chlore et l'éthylène, avec formation d'acide chlorhydrique HCl comme produit secondaire.

Le PVC sert, entre autres, à faire des tuyaux

Comme toute pièce de monnaie — et celle-ci est d'un gigantesque impact économique —, elle a son revers. Le chlorure de vinyle, le monomère donc indispensable à la fabrication du polymère, est cancérigène. À l'époque, à présent lointaine, où on l'ignorait, des ouvriers en sont morts de l'avoir manipulé sans précaution et de l'avoir respiré. Cette tare originelle du PVC a quelque peu limité ses applications, sans pour autant avoir causé son interdiction pure et simple.

80 Peut-on produire de l'électricité à partir des différences de salinité ?

Produire de l'énergie, c'est tirer parti d'une différence. Différence des températures entre une source chaude et une source froide, qu'il s'agisse d'une machine à vapeur, d'une centrale thermique ou nucléaire, ou d'un moteur à explosion. Différence d'altitude pour une chute d'eau actionnant un attelage turbine-alternateur.

D'où l'idée d'exploiter la différence des concentrations en sel d'une eau douce, de rivière, et d'une eau salée, de mer, pour la production d'énergie. La Norvège et la Nouvelle-Zélande, pays aux côtes entaillées de fjords, s'y prêtent bien. Le Brésil offre un autre site prometteur : l'océan Atlantique, comme on sait, recèle de l'eau douce à de nombreux milles de l'embouchure de l'Amazone, tant le débit de ce fleuve est colossal.

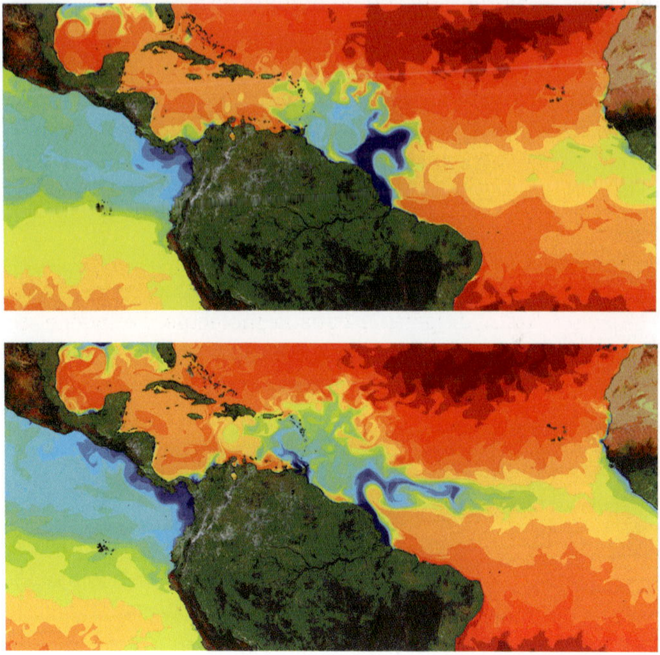

Le XXIe siècle verra-t-il une production d'énergie à partir de l'écoulement de l'Amazone dans l'Atlantique Sud ? En bleu, à droite du continent sud-américain, on visualise le déversement du fleuve Amazone dans la mer. Photos satellite prises en juin (en haut) et en septembre (en bas) : la différence de débit selon la période est flagrante.

Sommes-nous en pleine utopie scientiste et à des siècles de tout début de réalisation ? Que non, grâce aux Norvégiens et aux Néerlandais. Ces deux peuples continuent de bénéficier de la manne du gaz naturel de la mer du Nord. Néanmoins, ils ont eu la sagesse de voir au-delà et la prudence d'envisager d'autres ressources énergétiques.

Il est trop tôt pour parler d'un prix de revient, ou même de la technologie qui sera mise en œuvre. Une membrane semi-perméable (c'est l'une des options) pourrait créer une différence de pression entre les deux compartiments qu'elle délimite. Des valeurs équivalant à une chute d'eau de l'ordre de 200 m pourraient prévaloir. Un générateur, dit hydrocratique, permettrait de se passer de membrane : à la suite d'injection d'eau douce, la remontée subséquente d'eau saumâtre dans un conduit ferait tourner une turbine. D'autres dispositifs encore sont conçus et testés expérimentalement.

Cette bonne idée aura sûrement une suite, je fais confiance aux descendants des hardis Vikings, que sont tant les Néerlandais que les Norvégiens.

Le sel insolite

Concrétions salines au voisinage du cratère du volcan Dallol en Érythrée

81 La Fontaine croyait-il aux *losers* ?

Relisons la fable « L'âne chargé d'éponges et l'âne chargé de sel ». On s'en souvient : le premier coule à la traversée d'une rivière, le second surnage. La Fontaine en donne un récit admirable de fraîcheur, un reportage, on croirait y être. Son texte fait écho, outre Ésope, à Plutarque, Rabelais, Montaigne et quelques autres. Ce palimpseste porte la trace, lointaine, de convois muletiers issus de Méditerranée, déambulant sur des pistes, des sentiers de montagne et des routes du sel, porteurs de produits de cette mer et de ses rives : outre les éponges et le sel, des coquillages *murex* pour en extraire le pourpre, oranges et citrons, amphores d'huile d'olive, corail, bijoux et pierres précieuses, soieries… Cette fable témoigne de l'ancienneté des routes du sel dans nos contrées, de l'énorme importance économique du chargement de ces caravanes de mulets, ainsi que des fréquents incidents de parcours responsables de pertes très dommageables.

Le fabuliste de Château-Thierry projette en ce texte, sa verve certes, toute son ambivalence aussi : activiste par certains côtés, courageux critique des puissants ; mais aussi nonchalant désabusé, goguenard, s'amusant des petits riens qui font le charme de l'existence.

Si nous nous attachons, à présent, à la morale de cette fable (« il ne faut point agir chacun de même sorte »), elle vaut d'être reçue dans toute sa largeur de vues, pluraliste. Premier point : les deux ânes survécurent l'un et l'autre à l'incident de parcours. Quoi qu'on se mette sur le dos, quelles que soient nos responsabilités individuelles, nous sommes capables, nous souffle La Fontaine, d'amener à bon port notre fardeau existentiel. Il n'y a pas de gagnants ni de perdants, avec de la bonne volonté et bien des efforts, chacun peut réussir sa vie. Second point : l'âne chargé de sel est celui — on s'en serait douté — qui n'en fait qu'à sa tête. Son imprudence est récompensée... Soyez impétueux, plutôt que raisonnables. Dernier point : juché sur la bête chargée d'éponges, l'ânier voit sa dernière heure venue. *In extremis*, une bonne âme vient à son secours et à celui de ses bêtes, et les sauve : le pire n'est pas toujours sûr, même aux esprits les plus obtus.

Georges Brassens aurait pu mettre cette fable en chanson, elle lui ressemble tellement !

Cette mosaïque a été retrouvée à Pompéi dans la villa d'un producteur de *garum*, à l'un des quatre coins de l'atrium. Il s'agit d'une amphore de *garum* de maquereau, la plus appréciée des quatre sortes.

82 Qu'était le *garum* des Romains ?

En langue latine, le mot *garum* dérive de *garus*, poisson. En Grec ancien, existaient aussi des termes proches. Le peuple romain se faisait du *garum* à partir de petits poissons, comme des anchois, et des restes de gros poissons, les viscères en particulier. On laissait macérer à la chaleur, et ça schlinguait le poisson pourri ! Ce n'était pas dans le but d'élaborer l'arme chimique absolue. C'était pour flouer le fisc. Les Romains avaient édicté une taxe sur la consommation de sel. Les humbles, pour éviter de la payer, salaient leurs aliments au *garum*.

Tout contrat social s'expose à être rompu lorsqu'il devient par trop inéquitable. C'est ce qui ressort de maint épisode historique. Gandhi mena des actions non violentes pour affranchir l'Inde de la tutelle britannique : il permit ainsi aux Indiens d'accéder à une certaine autosuffisance en organisant la fabrication locale de produits manufacturés. Le rouet devint le symbole de cette autosuffisance, face aux filatures anglaises du coton indien.
Le *garum* eut une descendance nombreuse. Les gourmets l'apprécient de longue date : déjà, Galien (129-200 après J.-C.) le prônait sur des figues. Le *ngoc nam* vietnamien, lui aussi d'une grande ancienneté dont une préparation commerciale se nomme aujourd'hui Phu Quoc, le perpétue. Je mentionnerai aussi les diverses pâtes d'anchois, d'autant plus prisées des gourmets qu'elles ont été en grande partie désodorisées de l'insupportable puanteur de leur matière d'origine : par exemple, le célèbre *Patum peperium* du Royaume-Uni, au nom à consonance latine, aussi connu sous le nom *de Gentleman's Delight*.

83 Que signifie l'expression « sel de la terre » ?

Jésus enjoignit à ses apôtres d'être le sel de la terre (Matthieu, 5:13). Comme cela est fréquent avec la Bible, l'opacité de cette expression vint de la traduction de l'hébreu en grec (version dite des Septante).
Sel ? Il s'agit, en fait, d'un engrais. De même que ce dernier est essentiel à la culture d'un sol, à ce qu'il produise une abondante moisson, de même l'apostolat des envoyés du Christ doit faire fructifier le message chrétien dans les âmes. Leur évangélisation, par cette métaphore, s'apparente au soin dont un agriculteur fait bénéficier sa terre.
La confusion entre un engrais et le sel provient du voisinage, dans le même verset de l'Évangile selon Saint Matthieu, de la phrase « Mais si le sel devient fade, avec quoi le salera-t-on ? Il n'est plus bon qu'à être jeté dehors et foulé aux pieds par les hommes. » Cette dernière est de compréhension ardue. En forme de paradoxe — qu'est-ce que du sel ayant perdu toute saveur ? —, elle nous rappelle cet autre paradoxe : en dépit de son abondance et de son apparente banalité, surtout en Palestine, au voisinage de la mer Morte, le sel, celui qui a conservé son goût et toute sa force, est une denrée précieuse. Il ne deviendrait bon à jeter que s'il perdait son goût.

Il faut croire que l'occupation romaine de la Palestine alla de pair, comme ailleurs (en Gaule), avec un contrôle hégémonique tant de la production que de la distribution du sel, ainsi enchéri, puisque ses distributeurs romains ne subissaient aucune concurrence.

84 Que « pèse » un grain de sel ?

« Mettre son grain de sel » : il est ardu de saisir toute la banalité de cette expression. Nous la pratiquons depuis deux millénaires, c'est dire combien elle est éculée. Dans son *Histoire naturelle*, Pline donne une recette comportant, parmi ses ingrédients, un grain de sel — un unique grain de sel ! Il écrivit, en latin : *cum grano salis*. On éprouve une connivence profonde avec l'écrivain romain : pourquoi ne pas se marrer un peu, et taquiner le lecteur ? L'expression aurait pu être au nombre de ces lieux communs dont Léon Bloy fit avec brio l'exégèse, en 1902 *(Exégèse des lieux communs)*.
Depuis lors, les beaux parleurs — ceux qui n'ont pas grand chose à dire, mais ne lâchent pas le crachoir — abusent de cette expression. Outil de dialogue, elle sue le stéréotype. Elle participe de cette feinte sociabilité du négoce, où il importe de paraître convivial, de bon commerce comme on dit aussi. Détendre l'atmosphère par une plaisanterie y est de règle. Il n'est que d'entendre un discours de politique ou suivre à la télévision une table ronde d'élus faisant mine de se prendre à parti : tout l'enjeu est d'y être drôle, de paraître sympathique et d'apparaître comme le meilleur.
Le grain de sel sert à une prise de parole. Il annonce une digression, une anecdote, un bon mot. C'est une simple ponctuation du discours. Surtout, ne pas la confondre avec le sel attique (voir la question 85), qui se rapporte à une conversation de salon, enlevée, incisive, pleine d'esprit et d'esquive, nourrie de vives réparties et même, souvent, de sous-entendus égrillards.

85 Que désigne-t-on par « sel attique » ?

Une conversation légère, assaisonnée d'un humour fin et délicat, de même que le sel rehausse la saveur d'un plat. Elle était l'idéal d'une éducation classique, nourrie des grands auteurs latins et grecs, telle qu'elle resta durant des siècles l'apanage des pères jésuites. Dans cette tradition, les écrivains athéniens étaient tenus pour s'être hissés à la pointe du raffinement. Athènes était au centre de la région dénommée Attique. Faire preuve de goût consistait aussi à citer à bon escient ces auteurs réputés. Le sel attique s'appliquait aux trois phases d'une conversation que sont la pensée, sa formulation orale, et surtout l'anecdote ou la plaisanterie venant la rehausser. « Trait d'esprit » est une expression voisine de « sel attique ». Entendez Chateaubriand vanter le sel attique, tel qu'il l'appréciait à Paris comme à Athènes (*Essai sur les Révolutions*, t. 1, 1797, p. 107) :

« Les légers habitants de ces deux capitales du goût et des beaux-arts semblent formés pour couler leurs jours au sein des plaisirs. C'est là qu'assis à des banquets, vous les entendrez se lancer de fines railleries, rire avec grâce de leurs maîtres ; parler à la fois de politique et d'amour, de l'existence de Dieu et du succès de la comédie nouvelle, et répandre profusément les bons mots et le sel attique, au bruit des chansons d'Anacréon et de Voltaire, au milieu des vins, des femmes et des fleurs. »

À l'heure d'Internet, et des virulentes diatribes qui sévissent sur la « Toile », dans les blogs et autres sites où, sous couvert de pseudonymes, des internautes donnent libre cours à leur agressivité, que reste-t-il du sel attique ? S'agissant de sel, ce serait plutôt celui dont on frotte les plaies pour les maintenir bien à vif !

86 Qu'est-ce que la Fête des Menteurs ?

C'est un concours. Depuis des siècles, il se tient le premier dimanche d'août, à Moncrabeau. Ce village du Sud-Ouest possède, depuis le XVIIIe siècle, une Académie des menteurs, forte de 40 membres. Elle intronise « tous les hâbleurs, nouvellistes et menteurs qui s'exercent dans le bel art de mentir finement sans porter préjudice à autre que la vérité, dont iceux font profession d'être des ennemis jurés. »

Lors du concours, les jurés, comme il se doit, portent toge. Les concurrents se succèdent devant eux. Chacun y va de son histoire invraisemblable, écoutée d'une foule attentive. Une chèvre est installée là — à l'origine, le coteau surplombant la Baïse où s'étage Moncrabeau était couvert de salpêtre, et peuplé de chèvres et chevriers.

Après chaque orateur, deux enfants, de blanc vêtus, présentent un sachet initialement vide à chacun des membres du jury,

La place centrale du village de Moncrabeau (Lot-et-Garonne), érigée en tribunal parodique

tour-à-tour. Le juré prélève du sel au moyen d'une louche dans un sac de sel à son côté, à la juste mesure de son appréciation de ce qu'il vient d'entendre. À la fin du concours, on pèse les sachets : le plus lourd est celui du vainqueur, le roi des menteurs.

L'interprétation de ce rituel est aisée. Le sel équivalait autrefois à un « or blanc ». Dire un mensonge, c'est convoquer le Diable, que représente la chèvre. Il y a donc ample matière à purification, ce que symbolisent les précieux grains blancs. Comme l'affirme une devise locale, *la lenguo té péleras, mé la saou nou tireras* (« Tu te pèleras la langue, mais tu n'en ôteras pas le sel »).

87 Pourquoi jeter du sel par-dessus l'épaule gauche est-il censé écarter les mauvais esprits ?

Ce rituel magique est d'une grande ancienneté. Le discrédit du côté gauche se comprend aisément. Il n'est que de se rapporter à l'adjectif latin, *sinister* : la gauche est le mauvais côté, la droite est le côté privilégié.

Mais pourquoi donc du sel ? Parce que c'était sacrifier une denrée, aussi essentielle que d'un grand prix, pour se concilier les forces mauvaises. Il s'agissait, en quelque sorte, d'une tentative de corruption du Malin. Voilà une partie de

l'explication. Mais elle est manifestement insuffisante, partielle seulement.
Elle se complète nécessairement de ce que le sel était un outil de purification comme son utilisation, par exemple lors du baptême, le montre. Exorciser le diable, c'était le faire fuir au moyen d'un emblème sacré, manifestant qu'on se voulait sous la protection des anges.
Puisque le noir, celui de la nuit, de la mort et des forces obscures était la couleur du diable, recourir à du blanc, en une aspersion violente, lui apportait la contradiction et permettait de le chasser au loin tout en témoignant du dualisme de la nuit et du jour, d'un antagonisme primaire. Projeter du sel équivalait à un appel au secours, faire venir les forces bienfaisantes pour éloigner les forces malfaisantes.
D'autres petits rituels superstitieux de la vie quotidienne, qui font appel aussi au sel, le verre de vin renversé sur la nappe par exemple, sont aussi redevables du même faisceau d'explications.
Cette gestuelle n'est pas le seul apanage de l'Occident chrétien. Qu'on pense aux lutteurs de sumo japonais qui, avant d'en venir aux mains, purifient d'une poignée de sel l'arène de leur joute.

88 Que dévoile le nom hongrois du sel ?

Un observateur naïf comme moi ne peut manquer de remarquer la ressemblance de quelques-uns des mots de la vie courante, entre les langues japonaise et hongroise. Le nom du sel en est sans doute le plus bel exemple, *cho* en japonais et *só* en magyar, prononcés à l'identique. Il est d'autres exemples, bien que peu nombreux, l'eau, *viz* en hongrois et *mizu* en japonais. Un bain, *furo* en japonais et *fürdö* en hongrois. Les linguistes font état d'autres concordances. Ainsi, en japonais, *haeru* signifie « germer, pousser » ; ils rapprochent ce verbe de termes hongrois tels que *faj*, race, espèce, *fajzik*, engendrer et *fajzás*, engeance.
Sont-ce des rencontres fortuites ou renvoient-elles à de communes origines ? Comme on sait, les peuples finnois et hongrois ont migré durant les temps historiques vers leurs emplacements actuels. On les dit originaires de la Mongolie et du désert de Gobi. Quant au peuple nippon, il aurait une double origine, polynésienne et asiatique, datant peut-être de l'époque où l'archipel japonais était soudé au continent asiatique.

La linguistique définit le groupe des langues ouraliennes, une famille comportant entre autres le finnois, l'estonien, le carélien, le vepsien, le votian, le livonien ; les langues finno-permiennes et finno-volgaïques ; le hongrois et les langues ob-ougriennes ; ainsi que les langues samoyèdes. Les linguistes font aussi l'hypothèse d'un groupe antérieur ouralien-altaïque. Il est un certain consensus pour que les langues proto-indo-ouraliennes et proto-altaïques aient été contemporaines vers 6000-5500 avant J.-C. La famille des langues ouralo-sibériennes se serait désintégrée durant le VIIe millénaire avant notre ère. La cause aurait pu en être le brutal refroidissement climatique, intervenu en 6200 avant J.-C., qui perdura un siècle environ.

Trois millénaires plus tard, il y eut à nouveau une oscillation climatique, dite de Piora (vers 3200-2900 avant J.-C.). Existait alors une culture, dite de Sredni Stog, dans la vallée du Dniepr, fondée sur la domestication du cheval : pour la viande mais aussi comme animal de trait (raids guerriers) et comme animal de bât, pouvant transporter de l'ordre de 80 kg sur 40 à 60 km par jour ; et donc des charges de sel, entre autres. On dénomme ces peuplades « peuples de Kurgan ». Le cheval s'adaptant bien à un climat froid, ils auraient résisté à ce nouvel accès de froid. Or, le Moyen Oural, qui fut le lieu d'élection des locuteurs des langues finno-ougriennes, est proche du bassin de la Volga où vivaient ces éleveurs de chevaux.

Que de conjectures, que de questions fascinantes, tant pour les linguistes que pour les archéologues !

89 Des gens mangent de la terre : sont-ils fous ?

Certes, et cela porte le nom savant de « géophagie ». Cette habitude est endémique, pratiquée depuis toujours dans les régions les plus diverses, des rives du fleuve Sépik en Nouvelle-Guinée à des États du sud des États-Unis, comme le Kentucky. Oui, de tels comportements existent encore aujourd'hui, quand bien même ils apparaissent comme très bizarres.

Typiquement, ces populations, en période de disette surtout, se nourrissent de boulettes de terre argileuse, séchées au soleil, de type kaolinite — l'argile dont on fait aussi de la porcelaine. Mais dans quel but ?

Serait-ce pour tromper la faim et se remplir l'estomac ? Ou bien est-ce une espèce de communion mystique avec la terre

nourricière et maternante, avec Gaïa ? Reprendraient-ils vigueur au contact du sol, tel le géant Antée ?
Pour certains auteurs, qui assimilent (à tort) géophagie et satisfaction du besoin physiologique en sel (chlorure de sodium), par ingestion de terres sablonneuses en bordure de l'océan ou d'étangs salés, il s'agirait donc seulement de fournir un apport alimentaire en sodium.
En fait, la géophagie répond à une carence, non pas sodique, mais potassique. Elle a, de plus, un aspect complémentaire, sur lequel je tiens à insister. Les argiles sont des *polyélectrolytes* : ce terme désigne des polymères à la fois naturels et minéraux. La plupart des argiles ont une structure foliaire, comme les pages d'un livre : chaque feuillet porte des charges électriques négatives. Pour satisfaire à l'électroneutralité, ces charges, aussi dites anioniques, sont contrebalancées par des ions positifs, ou cations, tels que, justement, sodium et potassium. Les argiles sont des échangeurs d'ions, tout comme les résines synthétiques d'un lave-vaisselle ou d'un chauffe-eau, dont le rôle est d'adoucir une eau trop chargée en ions calcium. Les argiles ont une capacité considérable de rétention d'ions métalliques, à commencer par le sodium et le potassium. Autrement dit, elles aident l'organisme à les conserver.
Ainsi, la géophagie, loin d'être une coutume bizarre, voire une simple superstition, a une solide base scientifique.

90 Avons-nous des goûts de vampires ?

Il faut croire. Des textes décrivent des chasseurs qui, lorsqu'ils atteignent la bête qu'ils viennent de tuer, la poignardent et boivent avidement son sang ; pas seulement dans des peuplades dites « primitives ». Ils étanchent ainsi leur besoin physiologique de sel. Cet attrait du sang, du fait d'un profond instinct halophile, est l'un des ressorts du cannibalisme et des sacrifices humains qui ont sévi des millénaires durant. Et que nos enfants subliment, à présent, à coup de films d'horreur qui mettent en scène des émules de Dracula, de Báthory Erzsébet, la Comtesse sanglante, et autres vampires.
Mais sommes-nous véritablement en reste ? Car nous ingérons, assez souvent, des substituts du sang, du sérum sanguin tout au moins. Je veux parler des boissons pour sportifs, qui servent à remplacer les produits chimiques perdus par l'organisme, que dilapide un effort physique lorsque nous transpirons abondamment.

Qu'est-ce que la sueur ? Elle consiste en de l'eau, dont l'émission sert à refroidir le corps échauffé. Au nombre des autres rejets, l'acide lactique est le produit de la fatigue musculaire. Il rend la sueur acide, avec un pH de 4 à 6. La sueur contient aussi un peu d'urée, comme dans l'urine. Et puis, des ions métalliques, au premier rang desquels se trouvent sodium (0,9 g/L) et potassium (0,2 g/L).
Une boisson isotonique — c'est-à-dire équivalente à un sérum physiologique, quant à l'absence de toute pression supplémentaire, ou dépression, exercée sur les membranes des cellules — possède une concentration saline d'environ 9 g/L. Outre du sodium, elle comporte aussi du potassium afin de remplacer celui perdu dans la sueur. Faute de quoi, gare aux crampes musculaires nocturnes et d'éveil ! Notre organisme tout entier, les nerfs, les muscles, le cœur…, fonctionne à partir d'échanges ioniques de sodium et de potassium au travers des membranes cellulaires. Le sang fournit cette alimentation saline, sodique et potassique, pour autant qu'il n'ait pas subi une déperdition trop importante en ces deux ions. Comme quoi le chasseur-cueilleur du Paléolithique savait ce qu'il faisait en s'abreuvant à la bête qu'il venait d'achever !

91 Pourquoi tuer les limaces ?

C'est en effet si facile — trop facile. Lorsqu'on saupoudre de sel l'un de ces petits corps, lents à se mouvoir, malgracieux peut-être mais tellement inoffensifs (sauf quand ces animaux prolifèrent dans un potager et en dévorent les laitues), il en crève de déshydratation. On le trouve, au bout d'un moment, immobile dans la petite flaque d'eau, issue du petit gars et venue dissoudre et diluer le sel répandu.
Peut-être faut-il avoir fait soi-même cette expérience, au moins une fois ? Elle vous convainc à jamais de la force destructrice du sel à l'encontre du vivant, qu'il s'agisse de bactéries, de mauvaises herbes ou de limaces. La raison de la toxicité de ce minéral est la perméabilité des membranes cellulaires, que l'eau peut traverser dans l'un ou l'autre sens, de l'intérieur d'une cellule vers l'extérieur, ou *vice versa*.
Dans le cas de la mort programmée d'une limace, par ces brutes de jardiniers, l'eau migre de l'intérieur du

Une limace, encore bien portante

corps vers l'extérieur. Elle s'échappe pour accourir à la rencontre du sel. La force motrice est la vaine tentative de rétablir un équilibre, d'égaliser les concentrations en chlorure de sodium à l'intérieur des cellules et à l'extérieur, dans la petite flaque marquant l'accomplissement de notre forfait.
Forfait ? Pour sûr. Pourquoi l'avoir accompli ? C'est de la cruauté pure de notre part. L'homme est un animal dénaturé (Vercors), *anature* (Prochiantz). Les limaces, tout comme nous, ont droit à l'existence. Sachons le leur concéder. D'autant qu'elles sont aussi, ne l'oublions pas, nos aïeules…

92 Pourquoi mettre du sel sur une plaie ouverte ?

Les chirurgiens de naguère, qui opéraient sur un champ de bataille ou un vaisseau, avaient leur choix d'aiguilles, de seringues, de poinçons, de scies et de couteaux, de scalpels, de pinces et de compresses. Par contre, ils n'avaient pas grand-chose pour aseptiser une plaie.
Il y avait bien l'eau de vie, en usage interne — une grande rasade pour bien assommer le patient — ou externe (ouille !). Et il y avait le sel, dont ils frottaient et enduisaient la blessure avant de l'emmailloter sous un pansement, et dans un bandage.
Le patient, entre temps, s'était évanoui de douleur, sous le choc opératoire. Qu'à cela ne tienne ! S'il survivait un jour ou deux, le pronostic n'était pas nécessairement fatal.
Le recours au sel, un puissant bactéricide à forte dose, y pourvoyait. Et puis, comme Ambroise Paré, l'un des plus illustres parmi ces chirurgiens d'une époque héroïque, se plaisait à dire : « Je le soignai, Dieu le guérit. »
Mais pourquoi donc désinfecter une plaie ouverte par du sel, ou de l'eau salée, est-il aussi douloureux ? Le comprendre est aisé : il faut savoir que les terminaisons nerveuses mises à nu par la blessure ont des récepteurs sensibles à la concentration en sel(s). De plus, ces récepteurs, sensibilisés par la blessure, répondent même à des *stimuli* très faibles et causent une sensation de vive douleur, de brûlure. Or, les fluides à l'entour des tissus endommagés sont devenus hypertoniques, c'est-à-dire que leur concentration saline est très largement supérieure à celle qui prévaut à l'intérieur des cellules : c'est en cela que la présence du sel est traumatisante.
Que cela fasse très mal, tout en assurant une cicatrisation sans infection bactérienne, s'explique ainsi.

93 Peut-on boire l'eau de mer ?

Cette question ne trouva sa réponse qu'au milieu du XXe siècle. Une légende tenace prétendait jusque-là que cela rendait fou et que, de toute manière, la mort était la conséquence inéluctable. Or, il a pu arriver que des navigateurs ou les survivants d'un accident d'avion se retrouvassent parfois en plein océan, démunis de tout et sans eau de boisson. Quelle conduite à tenir pouvait-on leur recommander ?

Un courageux médecin français, le Dr. Alain Bombard, décida d'expérimenter sur lui-même. « Naufragé volontaire », il traversa, seul, en 1952, tout l'océan Atlantique en 65 jours sur un canot pneumatique. Il démontra ce faisant que la survie était possible. Depuis son départ de Monaco, il avait passé 113 jours en mer. Pour s'alimenter, il pêchait des poissons. Pour boire, il recueillait l'eau de pluie et buvait le jus des poissons. Surtout, il eut recours à de l'eau de mer, en en buvant régulièrement de petites quantités. Telle fut la thèse que le Dr. Bombard tenta de prouver au péril de sa vie, certes, mais qui n'a aucune valeur scientifique.

Sa thèse apparaît contredite par la réalité de la physiologie humaine. Les reins sont responsables de la régulation de la teneur en sel du sang. Ils la maintiennent dans des limites étroites autour de 9 g par litre soit 0,9 %, ce qui est largement inférieur à la salinité d'une mer ou d'un océan (2 % au minimum). Lorsque nous buvons de l'eau de mer, cela nous incite à boire davantage d'eau, pour essayer de réduire la teneur en sel par excrétion dans l'urine. C'est donc contre-productif, amorçant un cercle vicieux. Même si les reins étaient capables d'excréter le sel, lorsqu'il est présent dans l'eau à une concentration de l'ordre de 2 %, l'intestin est incapable d'absorber une eau d'une telle salinité.

On est donc obligé de répondre par la négative à la question soulevée ici.

94 Comment se comporter dans un désert ?

Surtout se méfier des camions qui roulent à toute allure sur la piste, dans l'autre sens ! Mais je voulais parler ici de la gestion des stocks de boisson :

« – Ils doivent être abondants. Prévoyez 30 à 35 litres d'eau par jour et par personne.

– Tant que ça ? Cela paraît énorme, presque dément ?
– Absolument. La déperdition, par transpiration, est considérable.
– On m'a dit qu'il fallait prendre aussi des tablettes de sel.
– Tout à fait juste.
– Pourquoi ? Manger du sel ne donne-t-il pas soif, au contraire ?
– C'est vrai. Et c'est complémentaire, pas opposé, comme vous semblez le croire.
– Que voulez-vous dire ?
– Dans l'organisme, dans les cellules qui composent nos tissus, le sel fait venir et y retient l'eau. Il empêche la déshydratation. Or, on peut mourir de cette dernière. Donc, buvez beaucoup et buvez salé, prenez de ces boissons pour sportifs aux compositions voisines de celle du sérum physiologique.
– Est-ce la raison pour laquelle des ONG distribuent, notamment en Afrique, des sachets de sels pour sauver les enfants de la déshydratation, et réclament pour cela un tout petit peu d'argent ? 10 centimes suffisent pour sauver une vie, à ce qu'on dit !
– Le climat désertique n'est pas la seule cause de déshydratation. Une autre est la diarrhée : deux millions d'enfants en meurent chaque année. L'Unicef, le Fonds des Nations unies pour l'enfance, distribue des sachets de sel : sachez qu'il n'en coûte que 59 euros pour 1 000 sachets. »

95 Pourquoi imprègne-t-on le rebord d'un verre à Margarita de sel ?

Une demi-douzaine de raisons à invoquer. La première est l'hygiène. Le sel est bactéricide. Cette précaution désinfecte les récipients dont la propreté paraît douteuse, ce qui importe au Mexique d'où ce cocktail est originaire et où abondent les germes pathogènes (à preuve la *turista*, réputée aussi comme « revanche de Montezuma »).
Ce motif sanitaire se double d'un autre, psychologique, moral si on veut. Les religions chrétiennes font du sel, avec sa blancheur, un auxiliaire de purification. Le sel écarte les mauvais esprits, il est censé protéger de leurs maléfices.
Un troisième facteur combine l'objectif et le subjectif. Le goût salé rehausse et fait contraste à l'aigre-doux de cette boisson, à la fois acide (jus de citron vert) et sucrée (sirop de canne).

Une Margarita, prête à servir

De plus, quatrième facteur, la tradition veut qu'on boive la tequila — le troisième ingrédient d'une Margarita — en dégustant régulièrement du bout de la langue le sel déposé au-dessus du poignet, à la base du pouce. Celui qui enduit le bord du verre à Margarita nous le rappelle.

Son abondance même est elle aussi significative, cinquième facteur. Le sel était jadis une denrée rare et coûteuse. Il sert ici de marqueur d'opulence et de luxe.

N'omettons pas un sixième facteur (il en est, vraisemblablement, d'autres encore). « Margarita » est le nom latin d'une perle. Les perles étaient emblématiques, par leur blancheur nacrée, de virginité. Empeser de sel le bord du verre procède de l'intention, déjà notée, d'une volonté de purification, au plan moral.

N'importe quel fait social assemble tout un bouquet de significations. Elles vont des plus rationnelles aux plus irrationnelles. L'anthropologie a cette vertu de n'en exclure aucune, de nous inciter à les considérer dans leur ensemble, à nous réconcilier avec l'humain dans toute sa pluri-dimensionnalité.

96 Qu'est-ce qu'une glaçure au sel ?

Et le potier ouvrit l'orifice du four et, d'un vif mouvement, projeta une grosse poignée de sel à l'intérieur. Tel est le geste familier à certains potiers de grès. Alors que les faïences sont cuites à des températures plus basses, de l'ordre de 850 °C, les grès sont des poteries, faites à partir d'argiles qui s'y prêtent, exigeant des températures de cuisson bien plus élevées, comprises entre 1 200 et 1 400 °C.

La glaçure est un procédé de revêtement de surface d'une poterie, effectué au cours d'une cuisson unique, ce qui le différencie d'autres méthodes de décor qui nécessitent une seconde cuisson.

On introduit le sel dans le four lorsque la température de celui-ci a rendu l'argile — un aluminosilicate, chimiquement parlant — suffisamment meuble pour que fonde, dans ses couches superficielles, de menues quantités de silice. Le chlorure de sodium ajouté à la fournée est lui aussi fondu, avec sa température de fusion de 801 °C. Sa tension de vapeur est suffisante, vers 1350 °C — le sel bout à 1 465 °C seulement —, pour faire se combiner chlorure de sodium et cette silice superficielle en un silicate qui, de la sorte, vient napper la pièce. Le cas échéant, le potier renouvelle l'opération et superpose plusieurs pellicules de glaçure pour aboutir à l'épaisseur souhaitée.

La glaçure au sel fut pratiquée en Extrême-Orient (Corée, Japon) et en Europe, où des potiers allemands la découvrirent au xve siècle. Le hasard, c'est-à-dire les conditions exactes de températures et de concentrations chimiques, localement, à l'entour de la pièce, font de cette action (très zen !) une procédure imprévisible et donc non aisément reproductible dans ses résultats — parfois d'une très grande beauté. Certains potiers usent d'espèces végétales comme sources de sel (ou des sels). Associée à la cuisson au bois, elle enchante le regard par les teintes et les textures, engendrées par les cendres dans l'atmosphère du four qui viennent se coller à la surface des pièces.

Poterie glacée au sel. Les dessins varient selon la manière dont le potier lance les cristaux de sel dans son four

97 Où les Indiens d'Amazonie se fournissaient-ils en sel ?

Cerro de la Sal est le nom d'un ensemble de mines péruviennes de sel gemme, situées à environ 1 000 m d'altitude. Ce fut là que les tribus d'Amérindiens de l'Amazonie, du Piémont des Andes tout particulièrement, s'approvisionnèrent en sel, dans le groupe ethnolinguistique des Arawak subandins. Le rameau occidental de la grande famille linguistique arawak, représentant près de 80 000 personnes, est constitué de cinq sous-ensembles autodénommés : Yanesha, connus comme Amuesha, Ashaninca (quatre entités régionales), Nomatsiguenga, Matsiguenga et Yineru. Cette coutume dura depuis l'époque des Incas jusqu'en 1897, date à laquelle le Gouvernement péruvien confisqua cette mine.

Le sel, produit sous la forme de pains de sel, était d'une grande importance pour ces groupes humains. Outre la satisfaction du besoin physiologique, il servait de monnaie d'échange. À ce titre, c'était aussi le nerf de la guerre : les Arawak l'utilisaient à lever des confédérations pour lutter contre la coalition, colonisatrice et missionnaire, hostile à l'autonomie de ces Indiens, toujours prête à envahir et capturer leurs territoires. Le partenariat guerrier des Campa, constituant des ligues belliqueuses lorsqu'ils se sentaient menacés, s'ancrait dans le réseau commercial du sel. Les Campa s'en adjugèrent le monopole, leurs sous-groupes contrôlaient d'ailleurs jalousement huit autres salines importantes : ils étaient les maîtres du sel. Cerro de la Sal, inhabitable et inhabitée, servait de centre symbolique au territoire Campa.

Dans la mythologie des tribus Campa, une déesse du sel, dénommée Pareni, était aussi à l'origine du gibier et du poisson.

98 Qu'est-ce qu'un salègre ?

Ce mot d'aspect plaisant, car il rime avec « allègre », restera opaque à la plupart — sauf à certains virtuoses des mots croisés. Orthographié aussi en « saligre », il désigne une pierre à sel ; c'est-à-dire un bloc de sel compacté, ou une brique faite de sel et d'un mortier comme liant, que les éleveurs placent dans les herbages à l'intention du bétail.

Bien entendu, des animaux sauvages, grands et petits, se servent au passage. Eux aussi ont un besoin physiologique

de sel. Les salègres existent de longue date. Auraient-ils servi à attirer auprès des campements des animaux que l'homme aurait ensuite capturés pour les dépecer ou, mieux, pour les domestiquer ? Seraient-ce ainsi des reliques de la préhistoire ?
Ceux de ma génération ont appris à écrire au porte-plume. La pierre à sel m'évoque le petit encrier de porcelaine, dont était pourvu chacun des petits bureaux dans nos salles de classe. On s'y servait d'encre violette. Elle laissait en séchant des traces mordorées au bord de l'encrier.
Ainsi, l'écrivain renouvelle son écriture, au figuré. Il puise dans sa mémoire et dans les autres ressources documentaires dont il a pris l'habitude : dictionnaires, encyclopédies, bibliothèques, archives et, à présent, la « Toile ».
Le rapprochement peut paraître insolite. Pourquoi le proposer ? Ma conjecture est que nous avons tous besoin de nous exprimer. Ce besoin cérébral est tout aussi pressant que celui des organismes en sel. La plupart se contentent de la parole. Que d'autres la complètent, ou y suppléent par l'écriture, ne fait qu'asseoir davantage la pertinence de cette métaphore !

En cours de circuit de pâturage, le berger distribue du sel à son troupeau sur des pierres à sel. Le sel est un aliment très apprécié qui favorise la bonne digestion et santé du troupeau et qui renouvelle l'appétit vis-à-vis des herbes plus grossières.

99 Le sel rose est-il sain ?

Assurément. Il est même recommandable pour ses nombreux oligoéléments. Je me focaliserai ici sur celui en provenance d'Hawaï, une autre des entrées de ce livre décrit celui du Tibet (voir la question 104).

D'où détient-il sa couleur rose ? Elle lui vient d'une contamination par de l'oxyde de fer (ferrique). De la sorte, ce sel — que les Hawaïens dénomment *aialea* — est emblématique de la géologie de cet archipel d'îles volcaniques, aux falaises abruptes plongeant dans l'océan. D'une saveur douce et délicate, moins prononcée que celle du sel ordinaire, il y ajoute une texture assez croquante.

Du sel rose d'Hawaï, à pleine louche lorsqu'on en a les moyens

À Hawaï, ce sel rose intervient dans nombre de rituels religieux, des rituels lustratoires, comme Marcel Mauss les qualifiait. Il s'agit de cérémonies collectives de purification et bénédiction. Ainsi, du début de la construction d'un canoë à son achèvement, avant sa mise à flot. Comme on le sait, les Polynésiens sont des navigateurs expérimentés du Pacifique, s'assistant du vent *makani* pour parcourir des milliers de milles, et sillonner l'océan. Ce vent est l'émanation du dieu Lono — celui auquel le capitaine Cook fut assimilé à sa venue au XVIIIe siècle, à en croire Marshall Sahlins. Lono préside à la fertilité comme à la guérison des humains. L'autre divinité, convoquée par le sel rose, qui associe mer et montagne, l'océan et les volcans, est Pele : c'est la déesse impérieuse et éruptive des volcans, à l'emblème de la lave rouge — ce rouge qui est la couleur des vêtements cérémoniels des chefs.

Bref, ce sel rose a la vertu rituelle de purifier, bénir et protéger, non seulement les embarcations et leurs équipages, mais aussi les habitations, les temples, voire les outils des habitants de l'archipel des Hawaï.

100 Le sel fluoré est-il bon pour les dents ?

La fluoration fut le sujet d'une grosse controverse qu'on peut comparer à celles sur la vaccination, la contraception ou l'avortement. Autant de questions de société redevables d'une prise de décision individuelle, voire familiale, dans laquelle l'immixtion des journalistes et des politiques, en règle générale, est désastreuse.
De même que la vaccination a éradiqué la variole, la fluoration — de l'eau de boisson ou du dentifrice, le sel fluoré étant une coûteuse rareté — a très largement fait disparaître la carie dentaire. Bien entendu, comme toute médication, elle a des effets secondaires indésirables, sur un pourcentage minime d'une population.

101 Le sel fait-il pleuvoir ?

Levons, d'abord, une confusion possible, sinon probable. Ensemencer un nuage pour qu'il se résolve en pluie se pratique surtout au moyen d'iodure d'argent. Ce dernier est **un** sel. Ce n'est pas **du** sel (chlorure de sodium). Il est vrai que le chlorure de sodium fut aussi utilisé pour tenter de faire pleuvoir. Quoi qu'il en soit, iodure d'argent ou chlorure de sodium, la procédure n'est pas d'une efficacité démontrée.
Mais elle excite l'imagination : elle est donc éminemment médiatique. De plus, bien des gens se préoccupent du temps qu'il fera les jours prochains. Faire pleuvoir a un côté démiurgique, prométhéen, de domptage d'une force de la nature dont on craint la violence (orages). La question répond donc à une attente.
Elle a tout pour plaire à des journalistes. Ils se posent, non pas en contre-pouvoir, mais en pouvoir intermédiaire : entre électeurs et élus ; ou, comme ici, entre savants et ignorants. Le hic est qu'il ne s'agit pas, en la matière, d'une question de science. Les scientifiques traitent, dans leurs laboratoires, de phénomènes suffisamment simplifiés pour qu'on puisse les étudier. Les phénomènes complexes, ceux du monde réel, appellent des réponses techniques, le plus souvent empiriques et donc non redevables d'explications simples, en termes aisés à comprendre, et d'une logique linéaire.
Bref, cette question superpose plusieurs confusions :
1) celle de l'article indéfini (*un* sel) et de l'article défini (*le* sel, *du* sel) ;

2) celle de la science et de la technique. Si cette dernière découle de la science, elle est rarement tributaire d'explications scientifiques simples ;
3) la notion suivant laquelle un discours de vulgarisation est toujours possible, quel qu'en soit le sujet.
Or, précisément, il achoppe immanquablement sur « les questions que se posent les gens », auxquelles les journalistes se croient, bien à tort, vocation à répondre ; ce qui produit, au pire du vacarme, au mieux du bruit.

102 La mer Morte est-elle vraiment sans vie ?

Décidément, on ne peut se fier aux étiquettes ! L'appellation « mer Morte » est tout aussi fallacieuse que ses cousines de la mer Rouge ou de la mer Noire.
Car la mer Morte, bien qu'hypersaline (33 %, soit dix fois plus que la salinité moyenne des mers et océans), et dépourvue de poissons, mollusques et autres animaux marins — mais pas tout à fait de baigneurs, flottant sur le dos et lisant leur journal comme s'ils étaient sur une chaise-longue —, abonde néanmoins en des formes de vie adaptées à ce milieu si particulier et qui, pour certaines, ne se trouvent que là.
Il s'agit surtout de micro-organismes : virus, bactéries, algues et moisissures. Ainsi, le genre *Aspergillus* (il s'agit de champignons dits imparfaits) et le genre *Eurotium* (un champignon sexué) sont représentés par des dizaines d'espèces. On y trouve aussi de nombreuses espèces d'archéobactéries — parentes de celles qui abondaient aux débuts de la vie sur Terre — halophiles, c'est-à-dire friandes de sel à des concentrations élevées. L'algue verte unicellulaire *Dunaliella parva* y prospère aussi, surtout dans les couches supérieures et après qu'il ait plu abondamment.
Bref, la mer Morte est, pour les chercheurs, un véritable musée-laboratoire de formes vivantes originales.

103 Pourquoi la mer d'Aral est-elle devenue invivable ?

Au XXe siècle, les désastres de main d'homme, anthropogènes selon le terme admis, n'ont-ils pas fait le pendant des catastrophes naturelles ? Des exemples ? Three Mile Island et Tchernobyl, Fukushima aussi. Les trous d'ozone arctique et antarctique. Le réchauffement climatique.
Ainsi que cette autre dévastation écologique, la mer d'Aral.

Vue satellitaire de la mer d'Aral en 1989 (à gauche). Puis en 2008 (à droite). Les images parlent d'elles-mêmes

C'est un immense lac salé, d'une superficie anciennement d'environ 67 000 km², à cheval sur l'Ouzbekistan au sud et le Kazakhstan au nord. Dans les années 1960, les prélèvements massifs d'eau par détournement des deux grands fleuves alimentant la mer d'Aral, l'Amou Daria et le Syr Daria, pour irriguer au moyen du canal du Karakoum les cultures de coton — une monoculture imposée, en dépit du climat inapte, par des bureaucrates staliniens et moscovites, à des milliers de kilomètres de la région affectée — ont détruit l'équilibre écologique préexistant. La salinité du lac augmenta, ou plutôt elle bondit vers le haut. En cinquante années, la superficie du lac a diminué d'environ 75 % et son volume de 90 %.

Les rives sont à présent un spectacle de désolation. Plus rien n'y pousse. Les espèces végétales et animales ont disparu presque en totalité. Chez les riverains, la mortalité infantile est la plus élevée au monde, du fait de l'accumulation des insecticides et des pesticides dans ce lac, devenu une immense décharge chimique.

L'ex-Union soviétique, ce paradis des travailleurs, a réussi à créer, là, l'enfer sur Terre.

104 Des chèvres, des yaks ou des camions ?

Que rencontra Betty, néo-convertie au bouddhisme, en parcourant le Tibet ? Elle découvrit de la sorte les traditionnelles caravanes de sel, hélas menacées d'extinction, à l'instar de bien d'autres coutumes tibétaines.

Mais pourquoi s'y trouve-t-il des caravanes de sel ? Pour des raisons géologiques, commerciales et religieuses. Le Tibet, c'est principalement un haut plateau, exhaussé par la surgie de l'Himalaya. Ce plateau est le vestige d'une mer ancienne, devenue évaporite, et dont un résidu est le lac salé du Tchang Chang. Des nomades s'y approvisionnent en sel qu'ils troquent avec les populations des plaines pour de l'orge et des denrées de base.

Leurs caravanes consistent en des animaux de bât, des centaines de yaks ou parfois des chèvres, porteurs de sacs de sel. Elles suivent le trajet de l'ancienne Route du Thé, qui fit partie de l'écheveau des Routes de la Soie. Le périple couvre une bonne centaine de kilomètres. Il revêtait une valeur initiatique forte, marqué qu'il était par le passage en divers lieux sacralisés, redevables d'une numérologie et de prédictions astrologiques. Les cristaux de sel, en leur insigne pureté, étaient assimilés aux larmes de la déesse Tara. Ils étaient également pris pour les yeux de mythiques créatures souterraines.

On conçoit l'émotion de Betty à voir ces caravanes. Nouvelle-venue au Tibet, une groupie-née, elle hésitait encore entre participer à une ONG basée au Népal ou s'initier auprès d'un lama au bouddhisme tibétain. Elle fut très déçue d'apprendre que, depuis une dizaine d'années, du fait de la colonisation chinoise du Tibet, un état-tampon avec l'Inde, donc d'évidente valeur stratégique, des commerçants Han allaient chercher le sel tibétain en camions, ce qui en avait fait chuter les cours. Les caravanes de sel traditionnelles paraissaient vouées à la disparition.

Sic transit…

105 Doit-on ignorer et censurer ce qui est saugrenu ?

De même qu'un grain de sel (*sau* = sel ; *grenu,* de grain) vivifie une masse molle et fade, comme une plaquette de beurre doux, le saugrenu forme une partie colorée, animée, même

épicée de la réalité. Nous sommes redevables de ce terme, comme de bien d'autres mots de notre langue, à Rabelais.
Au XVIe siècle, en effet, les voyageurs tels que, par exemple pour le Brésil, André Thevet et Jean de Léry, firent œuvre d'ethnologues. Ils décrivirent des gens et des mœurs jusque-là inconnus des Européens. Cette altérité radicale fit lever un vent d'exotisme qui, ne se bornant pas à des récits d'authentiques voyages d'exploration, souffla dans les voiles du roman naissant. On lui doit des œuvres de fiction, des fables et utopies aussi dont *Robinson Crusoë* et les *Voyages de Gulliver* furent au XVIIIe siècle les plus célèbres.
Qu'est devenu le saugrenu aujourd'hui ? On peut le traquer un peu partout. Le surréalisme le plaça à sa pointe. Mais surtout, la science l'arbore, sans timidité excessive. Un exemple : à comparer leurs nombres de prix Nobel scientifiques, à populations du même ordre, la Grande-Bretagne l'emporte de beaucoup sur la France. À quoi tient cette supériorité des Britanniques ? Leur véritable culte de l'excentricité et des excentriques a peut-être quelque chose à voir.
Car de nos jours, la découverte scientifique nous livre du saugrenu en abondance, à toutes les échelles qui vont du nanométrique au cosmique. La catégorie de l'imprévisible, du bizarre et du saugrenu met à mal le sens commun, ce

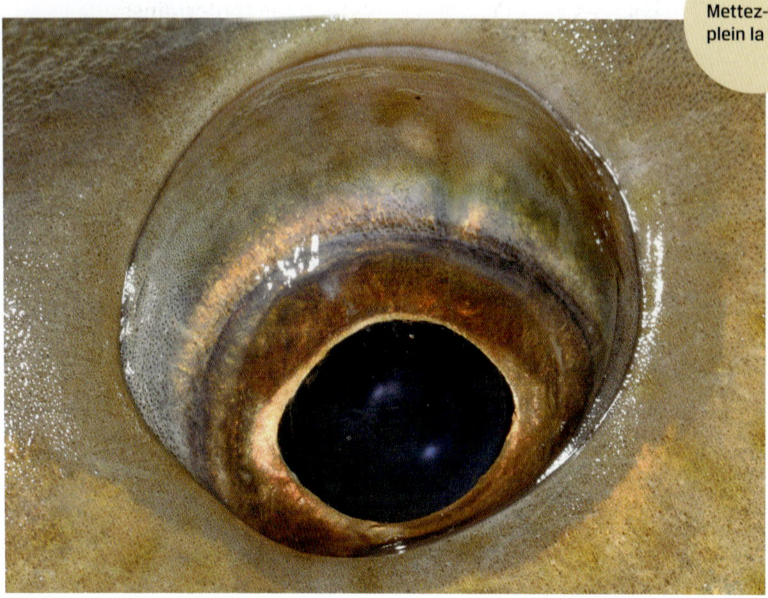

Mettez-m'en plein la vue !

conformisme de la pensée qui ne veut rien apprendre de neuf, et se met des œillères pour surtout ne pas être confronté à l'inconnu. Le saugrenu ridiculise la recherche scientifique par objectifs, avec des gestionnaires, seuls habilités par eux-mêmes et des politiques plutôt que par une quelconque expérience et expertise, qui dilapident de précieux deniers publics.

Et pour finir, d'autres questions qui ne manquent pas de sel...

106 Faut-il du sel pour faire du savon ?

Mais pas du tout ! On se sert — on se servait plutôt, naguère — de graisse et de potasse.

107 Depuis quand l'homme utilise-t-il du sel ?

Depuis la nuit des temps. Depuis qu'il fait l'amour, qu'il mange et qu'il boit, et qu'il élève des enfants. Mais la première preuve archéologique remonte au Néolithique, en Roumanie, à la fin du VIIe millénaire avant Jésus-Christ.

108 Troquer du sel était-il légal ?

Tout ce qui enfreint un monopole d'État est illégal, par définition. C'était donc illégal en France jusqu'en 1947. Aujourd'hui, certains voudraient relancer une économie du troc, par opposition à l'économie du négoce. L'État y est défavorable, cela l'empêcherait de percevoir la TVA.

109 La contrebande du sel était-elle fréquente ?

Cela a varié selon l'époque et le lieu. Comme à présent, la contrebande de drogue est intense à la frontière du Mexique et des États-Unis, mais plus rare à celle de la Chine et de la Corée du Nord (voir la question 43).

110 Sel de mer ou sel de terre ?

Plutôt du sel de terre pour faire du PVC et déneiger les routes. Plutôt du sel de mer pour faire la cuisine. Mais ça dépend aussi d'où habitent les gens : en plein milieu d'un continent ou près des rivages ?

111 Du sel pour faire du cuir ?

On fait mieux en matière de séchage et de tannage d'une peau. Le sel présente en effet de tels inconvénients qu'on lui préfère d'autres produits, comme le borax. Le sel durcit une peau, il la déshydrate et la rend cassante.

112 A-t-on besoin de sel pour momifier ?

Non. Mais on connaît des cas de momies produites lorsque le cadavre s'imbibait de sel. Le site de Chehrabad en Iran a livré plusieurs momies de sel depuis 1993. Les corps sont datés entre – 2700 et – 2100. De telles momies sont exceptionnelles. Les Égyptiens de l'Antiquité pratiquaient la momification avec du natron, un carbonate de sodium, c'est-à-dire un tout autre composé chimique.

113 Le verre est-il salé ?

Oui, s'il s'agit d'un verre d'eau de mer. Le chanteur Enrico Caruso s'en rinçait la bouche pour s'éclaircir la voix en concert. Quant au matériau « verre », il est fait de silice. Rien à voir avec le sel. Si vous n'y voyez plus au travers de vos lunettes, c'est dû plus vraisemblablement à du gras qu'à des embruns.

114 Qu'est-ce qu'un sel métallique ?

Un pléonasme ! Pratiquement tous les sels sont des sels métalliques. Cette catégorie est un reliquat tardif des manuels de chimie du XIXe siècle.

115 L'eau minérale est-elle salée ?

Mais oui, tout comme l'eau du robinet. Les eaux minérales se différencient par leur salinité. Une eau chargée en sels peut encrasser les reins.

116 Pourquoi mettre du sel dans le lave-vaisselle ?

Pour faire ringard. Du temps de la jeunesse des papys et des mamies, on mettait de temps à autre du sel pour régénérer la résine servant à adoucir l'eau d'alimentation, par échange ionique du calcium par du sodium. Les liquides détergents pour lave-vaisselles y pourvoient désormais.

117 Pourquoi la sécheresse favorise-t-elle la remontée d'eau salée ?

Le point fondamental est que la salinisation rend un sol impropre à l'agriculture. C'est le cas en de nombreux endroits désertiques comme le Sahara. L'eau y affleure un peu partout. Le danger vient de la remontée d'une nappe phréatique salée. Toute tentative d'irrigation ne fait qu'aggraver les choses, et accélére la désertification. Comme quoi un excès de sel stérilise et tue la plupart des formes vivantes, qu'elles soient animales ou végétales (voir la question 91).

118 Existe-t-il des puits à sel ?

Oui, s'il s'agit de puits de mine. Ils furent creusés pour accéder à un dôme de sel sous-jacent (voir la question 60). Encore oui, s'il s'agit de puits à saumure, dans des régions comme la Lorraine, où des sources salines font remonter à la surface une eau qui s'est chargée en sel au contact de l'un de ces dômes.

Une variante, plus récente, est celle du forage puis de l'installation d'un conduit par lequel on injecte sous pression de la vapeur d'eau très chaude : cela fait remonter de la saumure. C'est ainsi qu'on exploite le sel souterrain (– 160 m) à Varangéville, en Meurthe-et-Moselle.

119 Pourquoi les outils à sel n'étaient-ils faits que de bois ?

La question est relative à des activités artisanales et industrielles de la fin du XIXe siècle, antérieures à la seconde industrialisation. Elle se rapporte à la corrosion des métaux ferreux. Un air humide et salin l'exacerbe. Le processus dépend de multiples paramètres. Il est complexe et relève donc des ingénieurs. On observe empiriquement qu'il est à son maximum pour une teneur en sel de 3,5 %, qui se trouve être celle des océans, d'où le problème majeur de la rouille des bateaux aux coques en fer ou en acier.

120 Du pétrole peut-il se cacher sous du sel ?

Pas dessous, mais contre : du pétrole peut venir se nicher contre un dôme de sel (voir la question 60), pour autant (lapalissade) que ce piège soit efficace. C'est en effet loin d'être une règle générale. En effet, le sel peut altérer chimiquement les roches voisines et détruire leur porosité ; ce qui empêchera l'huile de s'y infiltrer. Par ailleurs, les pétroliers connaissent d'autres roches-réservoirs (failles, anticlinaux) que le voisinage des dômes de sel.

Bibliographie

Baillaud C., 2000. *Bonhommes en pâte à sel* / Textes et réalisations. Éd. SAEP.

Brun J.-P. et Fort X., 2008. *Entre sel et terre : structure et mécanismes de la tectonique salifère*. Paris, Vuibert, coll. Interactions.

Daire M.-Y., 2003. *Le sel des Gaulois*. Paris, éd. Errance.

Dunoyer de Segonzac G., 2011. *Les chemins du sel*. Paris, Gallimard, coll. Découvertes.

Hocquet J.-C., 1985. *Le sel et le pouvoir : de l'an mil à la Révolution française*. Paris, Albin Michel.

Hocquet J.-C., 2001. *Hommes et paysages du sel, une aventure millénaire*. Arles, Actes Sud.

Hocquet J.-C., 2006. *Le Sel de la Baie. Histoire, archéologie, ethnologie des sels atlantiques*. Presses universitaires de Rennes.

Laszlo P., 1998. *Chemins et savoirs du sel*. Paris, Hachette Littératures / Pluriel. [Au nombre des traductions, plus complètes, je recommande tout particulièrement la version italienne parue chez Donzelli à Rome en 2004, qui bénéficie aussi d'une belle iconographie.]

Le Roux P. et Ivanoff J. (éds.), 1993. *Le sel de la vie en Asie du Sud-Est*. Prince of Songkla University, coll. Grand Sud.

Mandin D., 2009. *Les systèmes d'échange locaux. SEL : circulations affectives et économie monétaire*. Paris, L'Harmattan.

Meyer Ph., 2000. *L'homme et le sel : réflexion sur l'histoire humaine et l'évolution de la médecine*. Sanofi-Synthélabo.

Mollat M. (éd.), 1968. *Le rôle du sel dans l'histoire*. Paris, PUF.

Olivier L., 2006-2007. « Premières découvertes des nécropoles des communautés de sauniers de l'âge du fer du Briquetage de la Seille à Marsal (Moselle) », *Antiquités nationales*, 38, 181-202.

Pétrequin P., Pétrequin A.-M. et Weller O., 2000. « Cuire la pierre et cuire le sel en Nouvelle-Guinée : des techniques actuelles de régulation sociale ». *In* Pétrequin P., Fluzin P., Thiriot J. et Benoît P. (éds.), *Arts du feu et productions artisanales*. Antibes, APDCA, p. 545-564.

Prilaux G., 2000. *La production du sel à l'âge du fer : contribution à l'établissement d'une typologie à partir des exemples de l'autoroute A16*. M. Mergoil.

Weller O., Dufraisse A. et Pétrequin P. (éds.), 2008. *Sel, eau et forêt d'hier à aujourd'hui*. Besançon, Presses universitaires de Franche-Comté.

120 clés pour comprendre le sel

Le sel familier

Le sel en cuisine

Une histoire de sel

Sciences et environnement

Le sel insolite

Et pour finir, d'autres questions qui ne manquent pas de sel...

Crédits iconographiques

Photo de couverture : concrétion de sel dans la mer Morte en Israël © Victor B/Fotolia.com.

Table des matières : petits sacs de sel © Unclesam/Fotolia.com.

Introduction : © Jag_cz/Fotolia.com.

Chapitre 1 : salière renversée © Richard Villalon/Fotolia.com. Question 1 : fleur de sel © Jean Weber/Inra. Question 6 : amuse-gueule salés © Laure Fons/Fotolia.com. Question 8 : chat en pâte à sel © mariesacha/Fotolia.com. Question 9 : cuiller de sel bleue © Brooke Becker/Fotolia.com. Question 10 : saline © LianeM/Fotolia.com.

Chapitre 2 : le sel en cuisine © Foto sapiens/Fotolia.com. Question 12 : haricots verts « mange-tout » © Jean-Marie Bossennec/Inra. Question 13 : saler l'eau de cuisson © niack10/Fotolia.com. Question 16 : www.la-france-a-table.com. Question 21 : salage d'un fromage © OSCAR/Fotolia.com. Question 22 : saloir © G. Turgis, potier à Noron-la-Poterie (14). Question 24 : bœuf gros sel © mimom/Fotolia.com. Question 25 : les prés salés du Mont Saint-Michel © Beboy/Fotolia.com. Question 26 : protéines du petit lait © Cédric Gaillard/Inra. Question 28 : canard en croûte © FOOD-images/Fotolia.com.

Chapitre 3 : le marchand de salaison © Rue des Archives/Tal. Question 33 : fouille à Marsal © Projet Briquetage de la Seille. Question 35 : plan de Venise © Floki Fotos/Fotolia.com. Question 36 : marais salant guérandais © Florence Carreras/Inra. Question 38 : pêche au hareng © Ifremer/Capucine Mellon. Question 41 : salière de Cellini © Jerzy Strzelecki. Question 42 : sel gemme © Claude Calcagno/Fotolia.com. Question 44 : route du sel - gravure anonyme. Question 45 : carte gabelle – libre de droits. Question 49 : bonbons Vichy © FOOD-pictures/Fotolia.com. Question 51 : Marche du Sel © Suddeutsche Zeitung/Rue des Archives.

Chapitre 4 : © joanna wnuk/Fotolia.com. Question 59 : mesure de salinité © Ifremer/Annie Lathière. Question 60 : corridor de sel © bastan/Fotolia.com. Question 61 : centrale Andasol © BSMPS. Question 64 : montagnes de sel © Christian Slagmulder/Inra. Question 67 : usine de dessalement © Bodo Marks/dpa/Corbis. Question 68 : saumon © Inra. Question 71 : salicorne © photlook/Fotolia.com. Question 72 : gravure libre de droits. Question 78 : Mars, libre de droits. Question 79 : tuyaux de PVC © Dmitry Naumov/Fotolia.com. Question 80 : déversement du fleuve Amazone © CNES/Mercator Océan/MyOcean.

Chapitre 5 : concrétions salines en Érythrée © moramax58/Fotolia.com. Question 82 : amphore de *garum* © Claus Ableiter. Question 86 : Fête des Menteurs © Académie des Menteurs de Moncrabeau. Question 91 : limace © guy/Fotolia.com. Question 95 : Margarita © Elenathewise/Fotolia.com. Question 96 : poterie glacée au sel © BobFox/Fotolia.com. Question 98 : salègre © Michel Meuret/Inra. Question 99 : sel rose d'Hawaï © waymoreawesomer/Fotolia.com. Question 103 : la mer d'Aral, libre de droits. Question 105 : œil de morue © Ifremer/Olivier Dugornay.

Édition et coordination : Valérie Mary
Maquette, mise en page et couverture : Gwendolin Butter
Infographie : Joëlle Delbrayère

Imprimeur : BETA Barcelone